S. Balakrishnan

Manual Moderno de Endocrinologia

S. Balakrishnan

Manual Moderno de Endocrinologia

ScienciaScripts

Imprint

Any brand names and product names mentioned in this book are subject to trademark, brand or patent protection and are trademarks or registered trademarks of their respective holders. The use of brand names, product names, common names, trade names, product descriptions etc. even without a particular marking in this work is in no way to be construed to mean that such names may be regarded as unrestricted in respect of trademark and brand protection legislation and could thus be used by anyone.

Cover image: www.ingimage.com

This book is a translation from the original published under ISBN 978-620-2-09430-6.

Publisher:
Sciencia Scripts
is a trademark of
Dodo Books Indian Ocean Ltd. and OmniScriptum S.R.L publishing group

120 High Road, East Finchley, London, N2 9ED, United Kingdom
Str. Armeneasca 28/1, office 1, Chisinau MD-2012, Republic of Moldova, Europe
Printed at: see last page
ISBN: 978-620-7-96940-1

ÍNDICE

Introdução.. 2

Noções básicas de Endocrinologia 4

História da Endocrinologia 5

Descobertas recentes em endocrinologia 7

Ciência da Endocrinologia 9

Hormonas - Mensageiros químicos 10

Endocrinologia e Medicina.. 12

Homeostasia 13

Interações funcionais das hormonas:... 17

Integração neuroendócrina 19

Regulação do funcionamento endócrino... 21

Metabolismo das Hormonas 22

Interação entre Hormonas 23

Sistema endócrino... 24

Histologia das glândulas endócrinas 27

Natureza das Hormonas.. 60

Regulação da secreção hormonal 65

Hipotálamo - principais núcleos envolvidos no controlo do sistema endócrino 76

Efeito do envelhecimento no sistema endócrino 81

Efeitos das secreções anormais de hormonas... 85

Doenças endócrinas 93

Referências..126

Introdução

Já em 3000 BCE, os antigos chineses eram capazes de diagnosticar e fornecer tratamentos eficazes para algumas doenças endocrinológicas. Por exemplo, as algas marinhas, que são ricas em iodo, eram prescritas para o tratamento do bócio (aumento da glândula tiroide). Talvez a mais antiga demonstração de intervenção endocrinológica direta nos seres humanos tenha sido a castração dos homens, que podiam então ser considerados, mais ou menos, como salvaguardando a castidade das mulheres que viviam em haréns. Durante a Idade Média e mais tarde, prática que se manteve até ao século XIX, os rapazes pré-púberes eram por vezes castrados para preservar a pureza das suas vozes agudas. A castração estabelecia os testículos como a fonte de substâncias responsáveis pelo desenvolvimento e manutenção da "masculinidade".

Este conhecimento levou a um interesse permanente em restaurar ou melhorar os poderes sexuais masculinos. No século XVIII, o cirurgião, anatomista e fisiologista escocês John Hunter, de Londres, transplantou com sucesso o testículo de um galo para o abdómen de uma galinha. O órgão transplantado desenvolveu um suprimento de sangue na galinha, embora não se saiba se ocorreu masculinização. Em 1849, o fisiologista alemão Arnold Adolph Berthold realizou uma experiência semelhante, só que, em vez de galinhas, transplantou testículos de galo para capões (galos castrados). Os capões recuperaram posteriormente as caraterísticas sexuais secundárias, demonstrando que os testículos eram a fonte de uma substância masculinizante. Também no século XIX, o neurologista e fisiologista francês Charles-Edouard Brown-Séquard afirmou que os testículos continham uma substância revigorante e rejuvenescedora. As suas conclusões baseavam-se, em parte, em observações obtidas depois de se ter injetado com um extrato do testículo de um cão ou de uma cobaia. Estas experiências deram origem à utilização generalizada de extractos de órgãos para o tratamento de doenças endócrinas (organoterapia).

No entanto, a endocrinologia moderna teve origem, em grande parte, no século XX. A sua origem científica está enraizada nos estudos do fisiologista francês Claude Bernard (1813-78), que fez a observação fundamental de que os organismos complexos, como os seres humanos, fazem grandes esforços para preservar a constância do que ele chamou de "milieu intérieur" (ambiente interno).

O sistema endócrino, em associação com o sistema nervoso e o sistema imunitário, regula as actividades internas do corpo e as interações do corpo com o ambiente externo para preservar o ambiente interno. Este sistema de controlo permite que as funções primordiais do crescimento, do desenvolvimento e da reprodução dos organismos vivos prossigam de forma ordenada e estável; é extremamente autorregulador, de modo que qualquer perturbação do ambiente interno normal por acontecimentos internos ou externos é resistida por poderosas contramedidas. Quando esta resistência é ultrapassada, surge a doença.

Noções básicas de endocrinologia

As glândulas endócrinas ou sem ductos segregam hormonas no espaço extracelular que as rodeia. Estas hormonas entram no sistema circulatório e são distribuídas para os locais-alvo. A "endocrinologia" é o estudo das glândulas ou tecidos sem ductos e dos seus produtos hormonais. Considera-se que as hormonas são sintetizadas no interior de órgãos endócrinos específicos e depois segregadas na corrente sanguínea para actuarem em locais-alvo específicos a alguma distância, evocando uma resposta fisiológica.

No entanto, há um grande número de excepções a esta definição. Por exemplo, o péptido semelhante à secretina é produzido por células nervosas no cérebro e actua sobre os neurónios adjacentes ou próximos sem ser transportado pela corrente sanguínea. Estas substâncias, que actuam como mensageiros locais, são conhecidas como hormonas locais.

História da Endocrinologia

A endocrinologia é uma ciência relativamente recente. Começou com a primeira experiência registada sobre hormonas, realizada por Berthold em 1849. Durante os quarenta anos seguintes, não se registaram desenvolvimentos significativos.

A partir de 1910, registaram-se rápidos avanços e os contornos do sistema endócrino dos vertebrados e invertebrados estavam bem definidos em 1950. Nas fases posteriores, a química desempenhou um papel muito importante no avanço da endocrinologia, tendo sido dados muitos contributos importantes neste domínio.

A história da endocrinologia baseia-se em observações simples para experiências complexas. No século XIX, apesar de terem sido descritos pormenores da estrutura microscópica de muitos tecidos e glândulas, o significado funcional das glândulas endócrinas não era conhecido. Foram registadas correlações clínicas entre anomalias de tecidos e órgãos, como atrofia ou aumento, e alterações em estados fisiológicos específicos. Foram estudados os efeitos da remoção de tecidos ou órgãos sobre as funções fisiológicas. Seguiu-se o transplante de tecidos e a utilização de extractos de tecidos para determinar se serviam como terapia de substituição adequada para o tecido ausente. As hormonas foram descobertas através da purificação dos extractos de tecidos fisiologicamente activos e da identificação do princípio ativo.

Berthold (1849) observou que a castração de galos levava ao não desenvolvimento dos seus pentes e barbilhões, e à não exibição de comportamento dominante masculino. A substituição dos testículos leva ao desenvolvimento da crista e dos barbilhões, e à exibição de um comportamento masculino que consiste em mostrar interesse pelas galinhas e agressividade para com outros machos. Se um único testículo fosse substituído, o seu tamanho era maior do que o habitual. Isto levou à descoberta da hipertrofia compensatória, um aumento no tamanho de um órgão para compensar funcionalmente a atividade do outro órgão perdido. Berthold especulou que os testículos segregavam alguma substância que entrava no sangue e actuava no corpo do galo para desenvolver caraterísticas masculinas.

No entanto, este facto não foi provado durante muito tempo até que se demonstrou que os extractos de testículos de um homem castrado podiam substituir funcionalmente os testículos. A testosterona foi purificada e cristalizada em 1935. Bayliss e Starling (1902) demonstraram que uma substância produzida pela mucosa intestinal estimulava a secreção de suco pancreático. A substância ativa foi designada por secretina. Von Mering e Minkowski demonstraram a relação entre o pâncreas e a diabetes mellitus em 1889. Observaram que a remoção do pâncreas dos cães conduzia à diabetes. Banting e Best (1922) sugeriram que os ilhéus de Langerhans do pâncreas são essenciais para o controlo do metabolismo dos hidratos de carbono e regulam os níveis de glicose no sangue através da produção de uma secreção interna.

A administração de extractos de ilhéus pancreáticos a cães diabéticos diminuiu significativamente o nível de glicose no sangue. O nome insulina para a hormona pancreática foi dado por Schaefer em 1912. Loewi (1921) demonstrou a libertação de mensageiros químicos pelos nervos. A sua experiência com o coração de rã provou que o nervo vago libertava substâncias que afectavam o relaxamento e a contração do músculo cardíaco. A substância inibidora foi identificada como acetilcolina e a substância aceleradora como norepinefrina. Loewi foi galardoado com o Prémio Nobel por este trabalho. A caraterização e a sequência de aminoácidos da hormona insulina foram estabelecidas por Sanger em 1953, pelo que recebeu o Prémio Nobel. As primeiras hormonas sintetizadas foram a oxitocina e a vasopressina. Du Vigneaud sintetizou-as no seu laboratório, trabalho pelo qual também recebeu o Prémio Nobel.

Descobertas recentes em endocrinologia

Descoberta do AMP cíclico:

Sutherland e colaboradores demonstraram que as hormonas estimulam as preparações fragmentadas das membranas celulares para ativar a enzima fosforilase hepática, que catalisa a degradação do glicogénio hepático.

Demonstraram que, quando as hormonas eram incubadas com fragmentos de membranas celulares, era libertado um fator que, por sua vez, activava a enzima fosforilase presente na fração sobrenadante do homogenato de tecido. Esta substância foi identificada por Sutherland como monofosfato de adenosina cíclico (AMPc).

Em 1962, Sutherland e os seus colaboradores descobriram a presença de AMP cíclico em materiais biológicos e a enzima adenilil ciclase, que é responsável pela produção de AMP cíclico nas células. Por este importante trabalho, Sutherland recebeu o Prémio Nobel da Medicina ou Fisiologia em 1971. O AMP cíclico, conhecido como segundo mensageiro da ação hormonal, está envolvido nas acções de muitas hormonas e outros estímulos nos processos fisiológicos das células.

Descoberta dos Neuropeptídeos:

Um marco importante na história das hormonas é a descoberta do controlo da glândula pituitária por uma área especializada do cérebro chamada hipotálamo. Harris (1955) demonstrou que a libertação das hormonas hipofisárias é controlada por determinados factores humorais libertados pelo hipotálamo. Mais tarde, Vale et al (1977), Setalo e Flerko (1978) e Moss (1979) observaram que os extractos do hipotálamo continham algumas substâncias que afectavam a libertação de hormonas hipofisárias.

Schally e os seus colaboradores, em 1978, recolheram até 2,50.000 hipotálamos de porcos e extraíram a substância que estimula a libertação da hormona estimulante da tiroide a partir da hipófise. Guillemin (1978) isolou, na mesma altura, um fator semelhante do cérebro de ovelhas, cuja estrutura era idêntica. A este trabalho seguiu-se o isolamento e a identificação estrutural das hormonas hipotalâmicas que controlam a secreção da hormona do crescimento e das gonadotrofinas hipofisárias.

Os trabalhos de Schally e Guillemin sobre a estrutura química da hormona libertadora da hormona gonadotrófica (GnRH) em suínos e ovinos revelaram a sua natureza idêntica. A

GnRH sintética e os seus análogos são atualmente utilizados no controlo da fertilidade dos animais e dos seres humanos.

Os análogos das hormonas podem ser utilizados como agentes contraceptivos. Guillemin e os seus colegas (1982) descobriram a estrutura da somatostatina, que inibe a secreção da hormona de crescimento da hipófise. Esta descoberta revelou-se, nos últimos anos, de grande importância para a medicina.

Guillemin e Schally receberam o Prémio Nobel da Fisiologia e Medicina em 1978 pela sua contribuição para a determinação da estrutura e identificação dos péptidos reguladores hipotalâmicos. Muitos outros químicos e endocrinologistas contribuíram com descobertas importantes que facilitaram a determinação da estrutura e das funções das hormonas peptídicas hipotalâmicas.

O fator de crescimento nervoso, uma hormona peptídica necessária para o crescimento, desenvolvimento e manutenção de certas células nervosas do cérebro e do sistema nervoso periférico, foi descoberto por Rita Levi-Montalcini e Stanley Cohen descobriu o fator de crescimento epidérmico, outra hormona peptídica que estimula a diferenciação e o crescimento das células epiteliais. Por estas descobertas, receberam o Prémio Nobel da Medicina e Fisiologia em 1986. Nos últimos anos, estão a ser geradas novas informações importantes em endocrinologia a um ritmo muito rápido. Os mecanismos moleculares da ação das hormonas peptídicas e esteróides estão a ser elucidados.

Ciência da Endocrinologia

As glândulas endócrinas segregam os seus produtos, as hormonas, no espaço extracelular adjacente, a partir do qual entram no sistema circulatório. As glândulas endócrinas ou sem ductos diferem das glândulas exócrinas, como as glândulas salivares, cujos produtos são libertados nos ductos que conduzem ao trato digestivo e depois ao exterior do corpo. A "endocrinologia" é o estudo das glândulas ou tecidos sem ductos e dos seus produtos hormonais. O sistema endócrino não possui uma unidade estrutural. As células endócrinas estão espalhadas por todo o corpo. Podem formar glândulas bem organizadas e definidas que elaboram uma ou várias hormonas, ou estar presentes como tecidos, ou como células individuais. As células e glândulas endócrinas originam-se embriologicamente de todos os tipos de tecidos, incluindo o tecido nervoso.

Inicialmente, considerava-se que as hormonas eram sintetizadas em órgãos endócrinos específicos e depois segregadas na corrente sanguínea para atuar em tecidos-alvo específicos, a alguma distância, para evocar uma resposta fisiológica específica.

O transporte de hormonas através da circulação sanguínea sistémica implica uma elevada diluição. Em alguns casos, isto é evitado pelo desenvolvimento de ligações vasculares bastante diretas entre as células endócrinas e as células-alvo das hormonas.

Um caso bem conhecido é a circulação portal entre o hipotálamo e a hipófise, que transporta as hormonas hipotalâmicas para a hipófise. As células ou os tecidos podem segregar substâncias específicas que actuam a curta distância sobre as células ou os tecidos adjacentes.

Este tipo de transporte humoral não envolve o sangue e efectua-se por difusão de substâncias nos espaços intercelulares ou intersticiais ou por outros mecanismos de transporte local. As prostaglandinas, as cininas e outras pertencem a este tipo funcional. A sua influência pode fundir-se com o efeito direto dos neurónios nas suas células-alvo.

Hormonas - Mensageiros químicos

As hormonas são sintetizadas e segregadas por células glandulares endócrinas vivas no corpo ou em culturas de células endócrinas in vitro. Uma hormona é normalmente transportada pela corrente sanguínea a partir das células endócrinas para servir de mensageiro químico que actua de uma forma específica nas células ou tecidos alvo.

Uma hormona não fornece energia ou material de construção, mas exerce um profundo efeito regulador sobre o crescimento, a diferenciação e as actividades metabólicas das células-alvo, afectando a permeabilidade da membrana, a ativação/desativação de enzimas, a formação de AMP cíclico, etc.

Do ponto de vista químico, as hormonas constituem um grupo de substâncias heterogéneas. Algumas são esteróides (por exemplo, as hormonas adrenocorticais e as hormonas sexuais). Muitas hormonas são proteínas ou polipéptidos.

Podem ser armazenadas sob a forma de grânulos durante horas ou dias e são libertadas por exocitose. As hormonas da hipófise anterior, as hormonas hipotalâmicas, as paratiróides, a calcitonina, a insulina, o glucagon, as hormonas gastrointestinais (secretina, gastrina, etc.) e as hormonas da hipófise posterior são todas péptidos. Algumas das hormonas são derivados de aminoácidos. A tiroxina e a triiodotironina são derivados iodados do aminoácido tirosina. Do mesmo modo, a adrenalina e a noradrenalina são também derivadas da tirosina.

Na corrente sanguínea, muitas hormonas estão ligadas a proteínas transportadoras específicas do plasma. Esta ligação forma um reservatório a partir do qual as hormonas são libertadas e se difundem para atuar nas células-alvo. Contudo, as catecolaminas não estão ligadas às proteínas plasmáticas e têm uma semi-vida curta no sangue, de alguns minutos. A tiroxina, por outro lado, ligada a proteínas transportadoras, tem uma semi-vida biológica longa.

As hormonas são parcialmente inactivadas nos órgãos-alvo e no fígado, onde ocorre a degradação química e a conjugação. Exemplos disso são a insulina, a adrenalina, muitos esteróides e as hormonas da tiroide.

As hormonas exercem os seus efeitos fisiológicos quando estão presentes em quantidades muito pequenas no sangue e noutros fluidos corporais. Os esteróides e a tiroxina actuam em concentrações de 10^{-6} a 10^{-9} moles por litro de sangue, enquanto as hormonas peptídicas são eficazes em 10^{-10} a 10^{-12} moles por litro. Devido a estas concentrações extremamente baixas, é difícil detectá-las no sangue e nos tecidos, tendo sido desenvolvidos métodos específicos muito sensíveis para as detetar e estimar quantitativamente.

Algumas hormonas não têm células ou órgãos-alvo específicos e, por isso, afectam todas ou quase todas as células do corpo. Assim, a hormona do crescimento influencia o crescimento e o desenvolvimento de todas as partes do corpo.

No entanto, a maioria das hormonas tem locais ou tecidos-alvo específicos nos quais exerce os seus efeitos, porque só estes tecidos têm receptores específicos que se ligam às hormonas para iniciar as suas acções. Por exemplo, a adreocorticotropina segregada pela pituitária anterior estimula o córtex suprarrenal a produzir hormonas adrenocorticosteróides.

Endocrinologia e Medicina

É bem sabido que a deficiência ou o excesso de hormonas no corpo humano e noutros animais conduz a perturbações clínicas. As doenças por deficiência, como a diabetes, podem ser curadas através da suplementação externa da hormona necessária. No entanto, muitas das hormonas não estão disponíveis em grandes quantidades para satisfazer as necessidades médicas dos seres humanos.

Por conseguinte, torna-se necessário sintetizar as hormonas necessárias em grandes quantidades. Para sintetizar hormonas, é essencial o conhecimento da estrutura comparativa das hormonas, para que se possa produzir um análogo estrutural com atividade biológica.

Por vezes, a estrutura de uma hormona como a hormona somatotrófica, que controla o crescimento normal dos seres humanos, é muito grande para ser sintetizada. Nestas circunstâncias, se a estrutura da hormona e a parte em que reside a sua atividade biológica forem conhecidas, torna-se mais fácil sintetizar a hormona em grandes quantidades.

A introdução do gene STH humano em bactérias através da tecnologia de ADN recombinante proporciona um método para a produção em grande escala da hormona. Do mesmo modo, a caraterização e a síntese de factores ou hormonas de libertação hipotalâmicos podem funcionar como um instrumento clinicamente importante para estimular as hormonas hipofisárias.

Homeostasia

O conceito de homeostasia foi formulado pela primeira vez pelo fisiologista francês Claude Bernard em 1974. Os organismos vivem em dois ambientes: o ambiente externo que rodeia o organismo e o ambiente interno dentro das células do corpo. O ambiente interno é o meio fluido dentro das células e à volta das células.

Os organismos tornam-se independentes das alterações que ocorrem no meio externo através do controlo do meio interno. Assim, o meio interno é mantido a um nível constante. Cannon (1960) cunhou o termo homeostase para incluir todos os processos fisiológicos que mantêm a maioria dos estados estáveis no organismo.

Estes são complexos e envolvem o cérebro e os nervos, o coração, os pulmões, os rins e o baço, todos a trabalhar de forma coordenada e cooperativa. Nos mamíferos, é mantido um nível constante de glucose, cálcio, sódio e outros constituintes nos fluidos corporais.

Pequenas flutuações na concentração destes constituintes ocorrem durante diferentes períodos do dia, em diferentes estações do ano, diferentes fases de desenvolvimento, idade e períodos reprodutivos do animal.

i. Sistemas de feedback:

O organismo mantém o controlo sobre as concentrações de substâncias como a glicose, o cálcio e os iões de sódio nos fluidos corporais com a ajuda de determinadas células sensoriais, que têm um ponto de referência definido para monitorizar as concentrações destas substâncias.

Se a concentração de um metabolito, como a glicose, baixar nos fluidos corporais devido à perda na urina, as células receptoras são activadas e respondem libertando uma hormona ou outra substância que, por sua vez, actua sobre outras células para libertar o metabolito armazenado ou impedir a perda do metabolito do corpo, de modo a que a concentração do metabolito seja aumentada para o nível necessário.

A interrupção da libertação da hormona pelas células receptoras impede o aumento da concentração do metabolito, como a glicose, acima de um nível crítico. Este tipo de mecanismo, em que o aumento da concentração do metabolito inibe a libertação da hormona, é conhecido como mecanismo de feedback negativo.

Em contraste com o mecanismo de feedback negativo, concentrações crescentes de uma hormona actuam sobre outra glândula para libertar uma segunda hormona, que estimula ainda mais a secreção da primeira hormona. Este é o chamado mecanismo de feedback positivo.

Os sistemas de retroação positiva têm um mecanismo para interromper a libertação da primeira hormona, caso contrário o sistema continuará a aumentar continuamente a sua amplitude. Uma hormona gonadal, o estradiol, aumenta a libertação de gonadotrofinas hipofisárias, que, por sua vez, estimulam a produção de estrogénio pelos ovários. Assim, os níveis de estrogénios e de gonadotrofinas vão aumentando

aumentando continuamente.

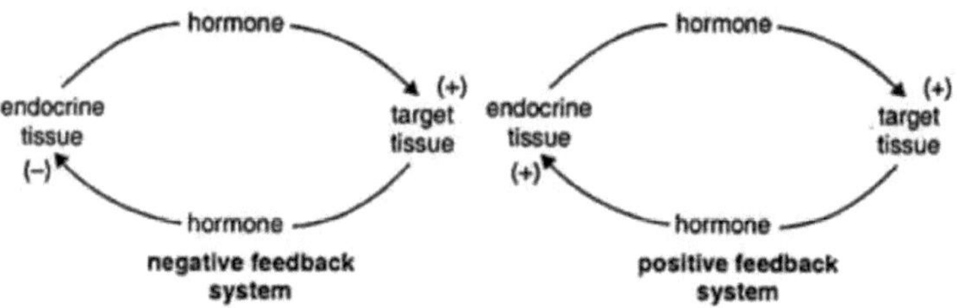

Fig. 1. Negative and positive feedback systems.

No ciclo menstrual mensal, a degeneração dos folículos ováricos, a fonte de estradiol, resulta numa diminuição subsequente dos níveis plasmáticos de estrogénio e gonadotropina. Em vários sistemas de feedback, o aumento do nível plasmático de uma hormona estimula a libertação de um metabolito, como a glucose, de um tecido alvo.

O aumento do nível do metabolito no plasma estimula a libertação de uma segunda hormona, que inibe a libertação do metabolito do tecido alvo. A diminuição do nível do metabolito actua como um estímulo para a libertação da primeira hormona.

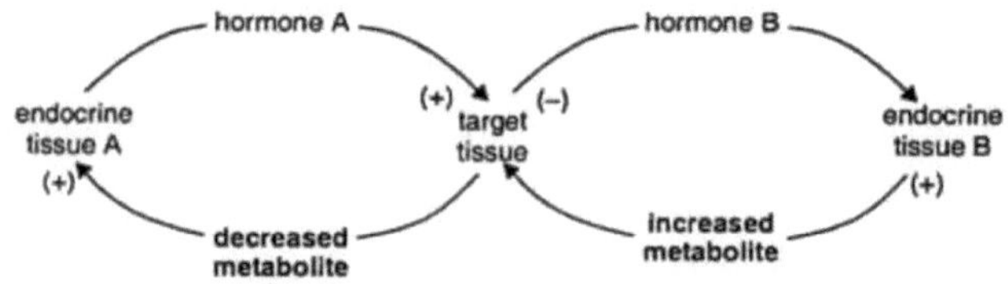

Fig. 2. General scheme of two hormone feedback systems.

ii. Homeostase da glicose:

A concentração de glicose no sangue é mantida a um nível constante, embora muitos factores, como a ingestão de alimentos, a taxa de digestão, a excreção, o exercício, o estado reprodutivo e a condição psicológica influenciem o seu nível.

Todos estes factores afectam o mecanismo de regulação fisiológica do nível de glicose no sangue. A diminuição do nível de glicose no sangue após o exercício muscular é reconhecida pelas células alfa dos ilhéus de Langerhans, que libertam a hormona glucagon. Esta hormona, por sua vez, actua sobre as células do fígado e ajuda a decompor o glicogénio em glicose, pelo que o nível de glicose no sangue volta ao normal.

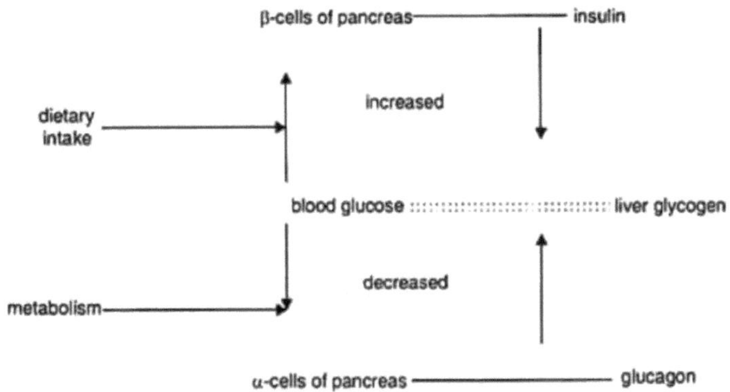

Fig. 3. Hormonal control of glucose homeostasis.

Se o nível de glicose no sangue subir após uma refeição, o nível elevado de glicose no sangue é percebido por outro tipo de células no pâncreas, nomeadamente as células beta, que libertam a hormona insulina, que induz a absorção de glicose pelas células do fígado para a converter em glicogénio. Isto reduz o nível de glucose no sangue e fá-lo regressar ao nível normal.

iii. Homeostase do cálcio:

O cálcio é necessário para a coagulação do sangue, a contração muscular, os processos de secreção celular e uma série de outras funções celulares. O nível de cálcio no sangue da maioria dos mamíferos é mantido a um nível constante e varia apenas dentro de uma gama muito estreita. Qualquer flutuação em relação à concentração definida ativa os mecanismos homeostáticos para a repor no nível normal.

A diminuição do nível de cálcio no sangue é percebida pelas células paratiroides que libertam a paratormona. Esta hormona actua sobre o osso para libertar o cálcio armazenado. A absorção do cálcio pelo intestino e a reabsorção pelos túbulos urinários do rim são favorecidas para que o nível de cálcio no sangue volte ao nível original.

A elevação do nível de cálcio acima do nível normal após o consumo de alimentos leva à libertação de outra hormona, a calcitonina, da glândula tiroide. A calcitonina promove a deposição de cálcio no osso e reduz a absorção de cálcio no intestino e nos rins.

Interações funcionais das hormonas:

No funcionamento normal do organismo, alguns processos sob controlo hormonal são regulados por apenas uma hormona. Do mesmo modo, poucas hormonas desempenham apenas uma função. Por outras palavras, uma hormona pode ter muitas funções e os processos do corpo não são regulados por uma única hormona, mas muitas hormonas podem regular um processo.

i. Uma Função - Muitas Hormonas:

Para o funcionamento normal do cérebro, é muito importante que haja um fornecimento regular e constante de oxigénio e glicose. As hormonas mantêm o fornecimento de glicose ao cérebro e estão envolvidos quatro processos importantes, nomeadamente a ingestão de alimentos, a glicogenólise hepática, a gluconeogénese e a poupança de glicose por outros tecidos.

Cada um destes processos é controlado por hormonas. A ingestão de alimentos e o apetite são regulados pelo cortisol, enquanto a absorção intestinal de glucose é regulada pela tiroxina. A secreção de cortisol é influenciada pela adrenocotropina (ACTH) e pelo fator libertador de corticotropina (CRF), respetivamente.

A glicogenólise envolve a decomposição do glicogénio hepático em glucose-fosfato e, finalmente, em glicose. Este processo é influenciado por três hormonas. O glucagon do pâncreas estimula a degradação do glicogénio e a diminuição do nível de insulina promove o processo. A epinefrina desempenha um pequeno papel na estimulação da glicogenólise. A gluconeogénese ajuda a manter o nível de glicose no sangue durante o jejum.

A produção de glucose a partir de aminoácidos, glicerol e lactato pode manter o nível de glucose no sangue durante semanas ou meses. A gluconeogénese é estimulada pelo cortisol, glucagon e hormona do crescimento.

A manutenção de um único metabolito circulante, a glicose no sangue, envolve a participação de pelo menos 10 hormonas e 6 glândulas endócrinas. As relações entre as hormonas podem ser aditivas, cooperativas ou opostas. Se não se considerar todo o sistema, não é possível compreender o processo.

ii. Uma hormona - múltiplas acções:

Este tipo de mecanismo em que uma hormona produz vários efeitos só se encontra em alguns casos. Por exemplo, a insulina promove a entrada de glicose nos tecidos muscular e adiposo; afecta tanto a glicogenólise como a gluconeogénese; regula a lipólise e favorece a síntese de proteínas musculares. Do mesmo modo, a epinefrina está envolvida na promoção da glicogenólise e da lipólise periférica. Também inibe a secreção de insulina pelo pâncreas.

A paratormona é também um exemplo dos efeitos múltiplos de uma hormona. Esta hormona estimula a libertação de cálcio e de fosfato do osso, promove a reabsorção de cálcio pelo túbulo renal e estimula a síntese da forma biologicamente ativa da vitamina D. Todas estas acções aumentam o nível de cálcio no sangue.

Integração neuroendócrina

Os sistemas nervoso e endócrino trabalham em estreita união e medeiam o processo de adaptação fisiológica ao stress ambiental. As reacções mediadas pelo sistema nervoso são mais rápidas e são respostas imediatas mais importantes em comparação com os efeitos hormonais, que servem para completar uma adaptação homeostática. As influências neurais desempenham um papel importante na união das respostas das glândulas endócrinas.

A interação entre o sistema nervoso e as glândulas endócrinas pode ser diferenciada em três tipos:

(i) Regulação do funcionamento da glândula pituitária pelo hipotálamo, (ii) A combinação de factores neurais e

(iii) Respostas endócrinas a estímulos e controlo da secreção endócrina pelo sistema nervoso.

i. Hipotálamo e glândula pituitária:

Harris e colaboradores afirmaram que o funcionamento da hipófise é regulado por determinados factores estimulantes e inibitórios segregados por certos neurónios do hipotálamo.

Estes neurónios, numa extremidade, estão ligados a outros neurónios do sistema nervoso central através de sinapses, enquanto nas suas extremidades distais existem estruturas secretoras que produzem pequenos polipéptidos que são libertados diretamente no sistema portal hipofisário, de modo a chegarem às células da hipófise anterior através de um plexo capilar secundário.

Como não existe barreira hematoencefálica no hipotálamo, o sódio ou o contisol em circulação podem atingir diretamente os locais de regulação. O hipotálamo aloja centros para funções cruciais como a sede, a fome, a tensão arterial, a osmorregulação e a pulsação.

A circulação portal permite que quantidades muito diminutas de substâncias libertadas pelo hipotálamo cheguem à hipófise. Foi demonstrado experimentalmente que as secreções da hipófise controlam o início e a profundidade do sono, a visão e o olfato.

ii. Sistema nervoso autónomo:

A integração entre o sistema nervoso e as glândulas endócrinas é exemplificada pela regulação da pressão arterial pelos dois sistemas. O volume intravascular e o tónus vascular determinam a pressão arterial.

O volume intravascular é controlado pelo balanço de sódio e água, que por sua vez é influenciado pela vasopressina, cortisol, angiotensina e aldosterona. O tónus vascular é regulado pelas aminas simpaticomiméticas, mas a sensibilidade vascular às catecolaminas é influenciada tanto pelo cortisol como pela tiroxina (T4).

iii. Controlo da função endócrina pelos nervos:

A regulação do funcionamento das células endócrinas pelos nervos proporciona um meio de resposta cooperativa a diferentes desafios. As células do tecido adiposo são inervadas por fibras nervosas α- e β-adrenérgicas e a síntese e a degradação dos lípidos são parcialmente controladas por impulsos adrenérgicos.

No complexo hipotálamo-hipófise, os impulsos α-adrenérgicos libertam a hormona do crescimento (GH) e inibem a prolactina (PRL), enquanto os impulsos β-adrenérgicos inibem a libertação de GH. A glândula paratiroide é também inervada por nervos autónomos. A estimulação β-adrenérgica aumenta os níveis de AMPc e promove a libertação da hormona paratiroide. No pâncreas, a estimulação das fibras α-adrenérgicas inibe a libertação de insulina.

A regulação neuroendócrina periférica tem uma capacidade de resposta de curto alcance e permite a adaptação a mudanças na postura e a condições de stress. Em contrapartida, os padrões neuroendócrinos centrais têm uma duração mais longa, desde o ritmo diurno da ACTH até aos ciclos mensais das hormonas gonadotróficas.

Regulação do funcionamento endócrino

Os três principais grupos de hormonas, nomeadamente as hormonas esteróides, peptídicas e de aminoácidos, têm diferentes períodos de semi-vida biológica. As hormonas esteróides têm meias-vidas que variam entre 60 e IOO minutos, enquanto as hormonas proteicas não ligadas têm meias-vidas que variam entre 5 e 60 minutos. As hormonas de aminoácidos são intermédias entre os dois grupos.

A tiroxina ligada a três proteínas de ligação tem um tempo de meia-vida de cerca de uma semana, enquanto a epinefrina está ativa em menos de um minuto. Existe muito pouca informação disponível sobre a secreção basal das glândulas endócrinas quando estas não são estimuladas e na ausência de um mecanismo homeostático. Estudos in vitro mostraram que as glândulas paratiróides segregam uma certa quantidade de paratormona mesmo quando a concentração de cálcio sérico é muito elevada e mesmo na ausência de estimulação.

A neuroregulação é o principal fator determinante da secreção basal do complexo hipotálamo-hipófise. A secreção de ACTH apresenta um ritmo diurno que depende da estimulação variável do hipotálamo. Este ritmo não depende do CRF, mas reflecte um padrão elétrico hipotalâmico.

A GH e a PRL são libertadas numa explosão acentuada no espaço de uma hora após o início do sono profundo. Pensa-se que estas libertações rítmicas são secundárias à estimulação do sistema nervoso central mediada por factores de libertação hipotalâmicos.

Metabolismo das hormonas

A exposição contínua dos tecidos a hormonas activas pode ser regulada pela degradação metabólica das hormonas em circulação. Durante o metabolismo das hormonas, a molécula pode ser alterada, consumida no local de ação e excretada através da bílis ou da urina.

Entre as hormonas esteróides, o cortisol é sucessivamente reduzido a di e tetrahidrocortisol no fígado sob a influência da tiroxina; é depois convertido nos androgénios fracos, androsterona e etiocolanalona. As hormonas peptídicas têm uma semi-vida muito curta. São digeridas e convertidas em aminoácidos individuais nos lisossomas.

Interação entre hormonas

Uma hormona pode influenciar a síntese, a ação, o transporte e o metabolismo de outra hormona. A adrenalina é sintetizada na medula suprarrenal a partir do aminoácido tirosina. A norepinefrina é metilada sob a influência da enzima fenil etanolamina -N -metil transferase. Esta enzima é induzida pelo cortisol segregado pelo córtex suprarrenal.

Certas hormonas estimulam os receptores de outras hormonas. Os estrogénios induzem uma proteína de ligação à progesterona no miométrio e no endométrio uterino. Os estrogénios preparam um recetor para a progesterona. A triiodotironina induz certos receptores β-adrenérgicos, levando à diminuição da eficácia das catecolaminas. A ação fisiológica de uma hormona depende das outras hormonas presentes e do estado metabólico do indivíduo.

As hormonas podem influenciar as proteínas de transporte de outras hormonas. A T4 e o cortisol circulam no sangue sob uma forma ligada à globulina de ligação à tiroxina (TBG) e à globulina de ligação à corticosterona (CBG). O nível de cada uma destas proteínas é elevado pelo estrogénio. A diminuição do nível de hormona livre aumenta a produção, conduzindo a um novo estado estacionário.

Os tecidos não endócrinos também desempenham um papel importante no metabolismo das hormonas, constituindo uma fonte de regulação dos níveis de hormonas e também uma causa de doença. A produção de estrogénio nas mulheres pós-menopáusicas é um exemplo deste fenómeno. O androgénio adrenal androstenediona pode ser convertido em estrona no fígado e no tecido adiposo. Isto leva ao cancro do endométrio ou da mama devido à produção excessiva de estrona em mulheres obesas.

Sistema endócrino

As glândulas endócrinas (ou) glândulas secretoras internas são também designadas por glândulas sem ductos, uma vez que não possuem ductos excretores. Em vez de as células secretoras libertarem os seus produtos, as hormonas, para o espaço extracelular, as hormonas podem entrar na corrente sanguínea, através da qual atingem os seus órgãos-alvo, ou podem afetar as células vizinhas (hormonas de ação parácrina). O *sistema endócrino* é o conjunto de glândulas de um organismo que segregam hormonas diretamente no sistema circulatório para serem transportadas para órgãos-alvo distantes. O fenómeno dos processos bioquímicos que servem para regular tecidos distantes através de secreções diretamente no sistema circulatório é designado por *sinalização endócrina*. As principais glândulas endócrinas são as seguintes

> Glândula pituitária

> Pâncreas

> Ovários

> Testes

> Glândula tiroide

> Glândula paratiroide

> Glândula adrenal

> Glândula pineal

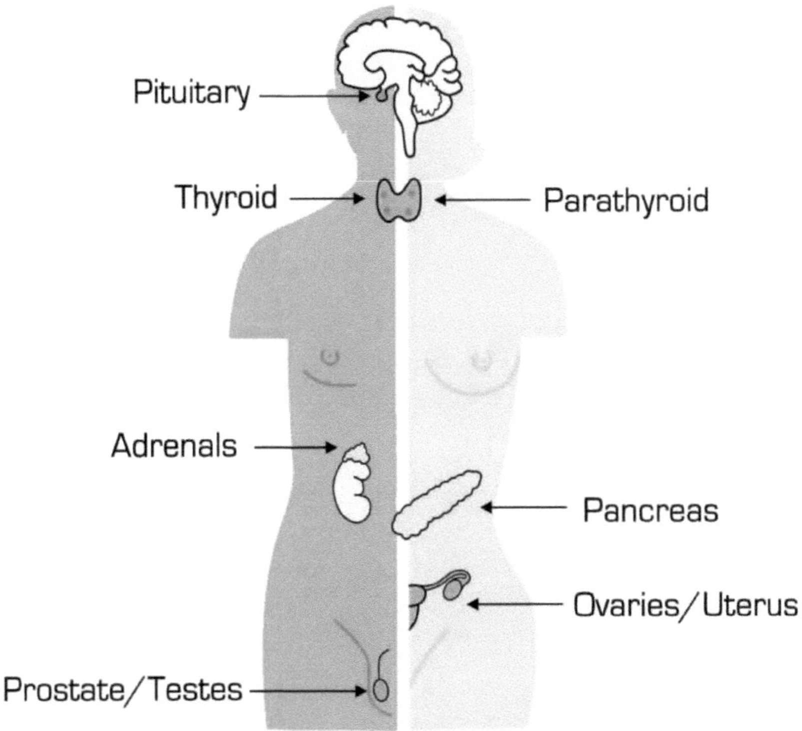

Fig1.1 Sistema endócrino

O sistema endócrino está em contraste com o sistema exócrino, que segrega as suas hormonas para o exterior do corpo através de condutas. O sistema endócrino é um sistema de sinalização de informação, tal como o sistema nervoso, mas os seus efeitos e mecanismos são classicamente diferentes. Os efeitos do sistema endócrino têm um início lento e uma resposta prolongada, que pode durar de algumas horas a semanas. O sistema nervoso envia informações muito rapidamente e as respostas são geralmente de curta duração.

Nos vertebrados, o hipotálamo é o centro de controlo neural de todos os sistemas endócrinos.

As caraterísticas especiais das glândulas endócrinas são, em geral, a sua natureza sem ductos, a sua vascularização e, normalmente, a presença de vacúolos ou grânulos intracelulares que armazenam as suas hormonas. Em contraste, as glândulas exócrinas, como as glândulas salivares, as glândulas sudoríparas e as glândulas do trato gastrointestinal, tendem a ser muito menos vasculares e têm condutas ou um lúmen oco.

Para além dos órgãos endócrinos especializados acima referidos, muitos outros órgãos que fazem parte de outros sistemas do corpo, como os ossos, os rins, o fígado, o coração e as gónadas, têm funções endócrinas secundárias. Por exemplo, o rim segrega hormonas endócrinas como a eritropoietina e a renina. As hormonas podem ser constituídas por complexos de aminoácidos, esteróides, eicosanóides, leucotrienos ou prostaglandinas.

Histologia das glândulas endócrinas

Glândula pituitária

Na anatomia dos vertebrados, *a glândula pituitária, ou hipófise*, é uma glândula endócrina com o tamanho aproximado de uma ervilha e pesando 0,5 gramas (0,018oz) nos seres humanos. É uma saliência na parte inferior do hipotálamo, na base do cérebro. A hipófise assenta na fossa hipofisária do osso esfenoide, no centro da fossa craniana média, e está rodeada por uma pequena cavidade óssea (sela túrcica) coberta por uma prega dural (diafragma selae). A pituitária anterior (ou adeno-hipófise) é um lobo da glândula que regula vários processos fisiológicos (incluindo o stress, o crescimento, a reprodução e a lactação).

Fig:1.2 Glândula pituitária

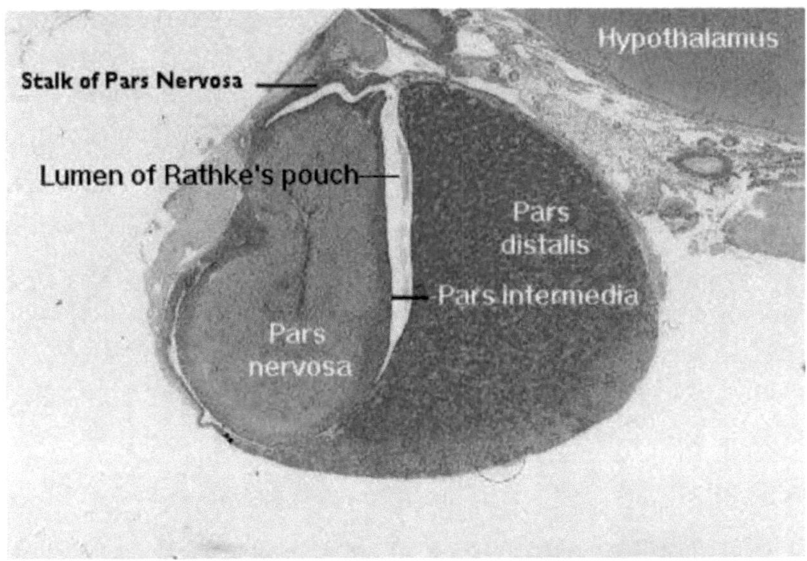

O lobo intermédio sintetiza e segrega a hormona estimulante dos melanócitos. A hipófise posterior (ou neuro-hipófise) é um lobo da glândula que está funcionalmente ligado ao hipotálamo pela eminência mediana através de um pequeno tubo chamado pedúnculo hipofisário (também chamado **pedúnculo infundibular ou infundíbulo).**

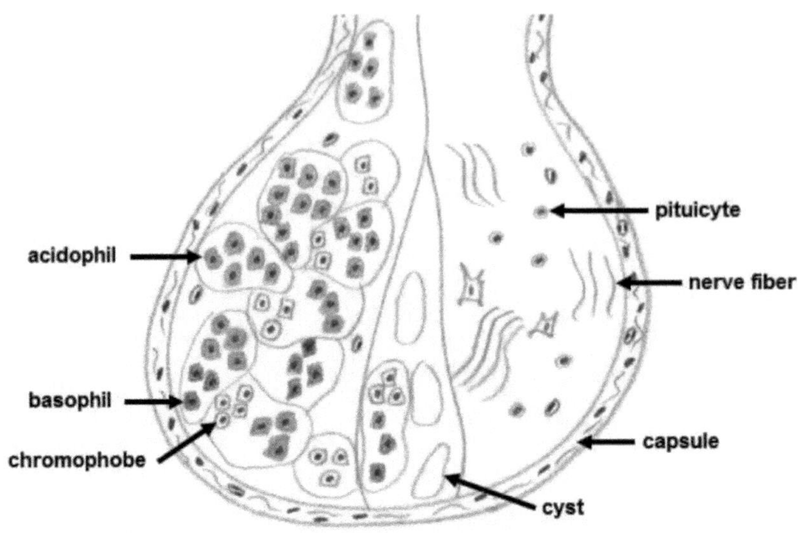

Fig. 1.3 Histologia da glândula pituitária

A glândula pituitária, nos seres humanos, é uma glândula do tamanho de uma ervilha que se situa num invólucro ósseo protetor chamado sela túrcica. É composta por três lóbulos: anterior, intermédio e posterior. Em muitos animais, estes três lobos são distintos. O lobo intermédio é vascular e está praticamente ausente no ser humano. O lobo intermédio está presente em muitas espécies de animais inferiores, em particular nos roedores, ratinhos e ratos, que têm sido amplamente utilizados para estudar o desenvolvimento e a função da hipófise. Em todos os animais, a pituitária anterior, carnuda e glandular, é distinta da composição neural da pituitária posterior, que é uma extensão do hipotálamo

Pituitária anterior

A pituitária anterior surge de uma invaginação do ectoderma oral e forma a bolsa de Rathke. Isto contrasta com a pituitária posterior, que se origina do neuroectoderma. As células endócrinas da pituitária anterior são controladas por hormonas reguladoras libertadas por células neurosecretoras parvocelulares nos capilares hipotalâmicos que conduzem aos vasos sanguíneos infundibulares, que por sua vez conduzem a um segundo leito capilar na pituitária anterior.

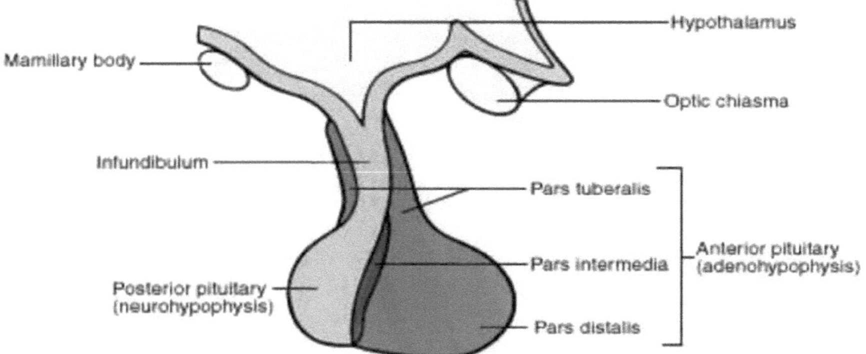

Fig: IAAnteriorPituitária

Esta relação vascular constitui o sistema portal hipotálamo-hipofisário. Difundindo-se para fora do segundo leito capilar, as hormonas libertadoras hipotalâmicas ligam-se depois às células endócrinas da hipófise anterior, regulando para cima ou para baixo a sua libertação de hormonas.

O lobo anterior da hipófise pode ser dividido em pars tuberalis (pars glandularis) e pars distalis (pars glandularis), que constitui ~80% da glândula. A pars intermedia (o lobo intermédio) situa-se entre a pars distalis e a pars tuberalis e é rudimentar no ser humano, embora noutras espécies seja mais desenvolvida. Desenvolve-se a partir de uma depressão na parede dorsal da faringe (parte estomacal) conhecida como bolsa de Rathke. A pituitária anterior contém vários tipos diferentes de células que sintetizam e segregam hormonas. Normalmente, existe um tipo de célula para cada hormona principal formada na pituitária anterior. Com corantes especiais ligados a anticorpos de alta afinidade que se ligam a uma hormona específica, é possível diferenciar pelo menos 5 tipos de células.

Hipófise posterior

O lobo posterior desenvolve-se como uma extensão do hipotálamo. As hormonas da pituitária posterior são sintetizadas por corpos celulares no hipotálamo. As células neurossecretoras magnocelulares dos núcleos supraóptico e paraventricular localizadas no hipotálamo projetam axônios pelo infundíbulo até terminais na hipófise posterior.

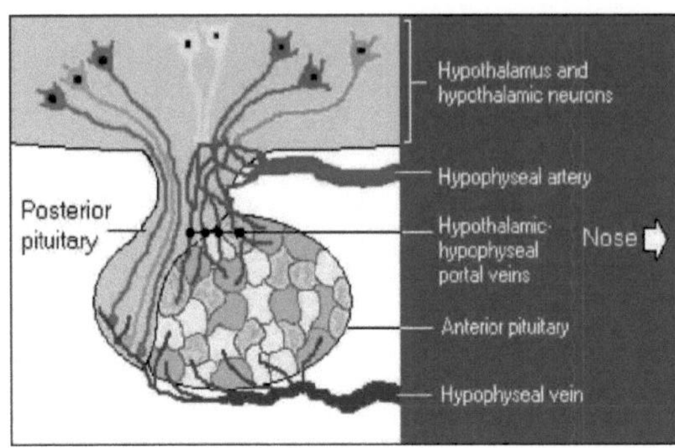

Fig:.SPosteriorPituitária

Este arranjo simples difere nitidamente do da pituitária anterior adjacente, que não se desenvolve a partir do hipotálamo. A libertação de hormonas hipofisárias tanto pelo lobo anterior como pelo lobo posterior está sob o controlo do hipotálamo, embora de formas diferentes.

Funções

A hipófise anterior sintetiza e segrega hormonas. Todas as hormonas libertadoras (-RH) referidas, podem também ser referidas como factores de libertação (FR).

Somatotrofinas:

> *A hormona do crescimento humano* (HGH), também designada por "hormona do crescimento" (GH) e somatotropina, é libertada sob a influência da *hormona libertadora da hormona do crescimento* hipotalâmica *(GHRH)* e é inibida pela somatostatina hipotalâmica

Tirotrofinas:

> *A hormona estimulante da tiroide* (TSH) é libertada sob a influência da *hormona libertadora de tirotropina* (TRH) hipotalâmica e é inibida pela somatostatina.

Corticotropinas:

> São clivadas a partir do precursor da proteína proopiomelanocortina e incluem *a hormona adrenocorticotrópica* (ACTH), a beta-endorfina e a hormona estimulante dos melanócitos, que são libertadas sob a influência da *hormona libertadora de corticotropina* (CRH) hipotalâmica.

Lactotrofinas:

> Prolactina (PRL), também conhecida como *hormona "Luleolrópica"* (LTH), cuja libertação é inconsistentemente estimulada pela TRH hipotalâmica, *oxitocina, vasopressina*, péptido intestinal vasoativo, angiotensina II, neuropeptídeo Y, galanina, substância P, péptidos semelhantes à bombesina (péptido libertador de gastrina, neuromedina B e C) e neurotensina, e inibida pela dopamina hipotalâmica.

Gonadotropinas:

> *Hormona luteinizante* (também designada por "Lutropin" ou "LH").

> *Hormona folículo-estimulante* (FSH), ambas libertadas sob a influência da *hormona libertadora de gonadotropina* (GnRH)

Estas hormonas são libertadas pela hipófise anterior sob a influência do hipotálamo. As hormonas hipotalâmicas são segregadas para o lobo anterior através de um sistema capilar especial, denominado sistema portal hipotalâmico-hipofisário.

O lobo intermédio sintetiza e segrega a seguinte hormona endócrina importante:

> *Hormona estimulante dos melanócitos* (MSH). Esta também é produzida no lobo anterior. Quando produzidas no lobo intermédio, as MSH são por vezes designadas por "intermedinas".

A pituitária posterior armazena e segrega (mas não sintetiza) as seguintes hormonas endócrinas importantes:

Neurónios magnocelulares:

> *Hormona antidiurética* (ADH, também conhecida como *vasopressina* e arginina vasopressina AVP), a maior parte da qual é libertada pelo núcleo supra-ótico no hipotálamo.

> *A oxitocina*, a maior parte da qual é libertada pelo núcleo paraventricular no hipotálamo. A oxitocina é uma das poucas hormonas que cria um ciclo de feedback positivo. Por exemplo, as contracções uterinas estimulam a libertação de oxitocina da hipófise posterior, que, por sua vez, aumenta as contracções uterinas. Este ciclo de feedback positivo mantém-se durante todo o trabalho de parto.

As hormonas segregadas pela glândula pituitária ajudam a controlar os seguintes processos corporais:

S Crescimento

S Tensão arterial

Alguns aspectos da gravidez e do parto, incluindo a estimulação das contracções uterinas durante o parto (parturição)

S Produção de leite materno

Funções dos órgãos sexuais dos homens e das mulheres

S Função da glândula tiroide

A conversão de alimentos em energia (metabolismo)

S Regulação da água e da osmolaridade no organismo

S Equilíbrio hídrico através do controlo da reabsorção de água pelos rins

S Regulação da temperatura

S Alívio da dor

Pâncreas

O pâncreas é o órgão glandular localizado no sistema digestivo e no sistema endócrino dos vertebrados. É uma glândula endócrina que produz várias hormonas importantes, incluindo a insulina, o glucogão, a somatostatina e os polipéptidos pancreáticos que circulam na corrente sanguínea. O pâncreas é também um órgão digestivo, segregando sumo pancreático que contém enzimas digestivas que auxiliam a digestão e a absorção de nutrientes no intestino delgado. Estas enzimas ajudam a decompor os hidratos de carbono, as proteínas e os lípidos presentes no quimo. O pâncreas é também conhecido como uma glândula mista. O pâncreas é um órgão endócrino que se encontra na parte superior esquerda do abdómen. Encontra-se atrás do estômago. O pâncreas tem cerca de 15 cm de comprimento. Anatomicamente, o pâncreas divide-se em cabeça do pâncreas, colo do pâncreas, corpo do pâncreas e cauda do pâncreas. A *cabeça* é rodeada pelo duodeno na sua concavidade. A cabeça envolve dois vasos sanguíneos, a artéria e a veia mesentéricas superiores. Da parte posterior da cabeça emerge um pequeno processo uncinado que se estende até à parte posterior da veia mesentérica superior e termina na artéria mesentérica superior. O *colo* tem cerca de 2,5 cm de comprimento e situa-se entre a cabeça e o corpo e à frente da artéria e da veia mesentéricas superiores. A sua superfície superior frontal suporta o piloro (a base) do estômago. O pescoço nasce na parte superior esquerda da parte anterior da cabeça. Dirige-se inicialmente para cima e para a frente e depois para cima e para a esquerda para se juntar ao corpo

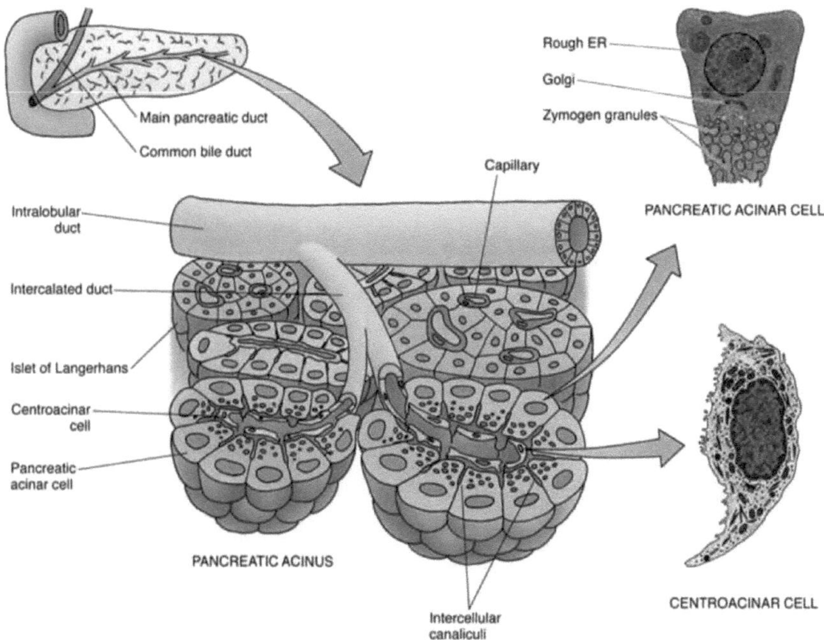

Figl.6 Organização celular do pâncreas

É um pouco achatado de cima para baixo e para trás. À direita, é sulcado pela artéria gastroduodenal. O *corpo* é a maior parte do pâncreas e situa-se atrás do piloro, ao mesmo nível que o plano transpilórico. O pâncreas é uma estrutura secretora com um papel hormonal interno (endócrino) e um papel digestivo externo (exócrino). Tem dois ductos principais, o ducto pancreático principal e o ducto pancreático acessório. Estes drenam as enzimas através da ampola de Vater para o duodeno.

Histologia

O pâncreas contém tecido com um papel endócrino e exócrino, e esta divisão também é visível quando o pâncreas é visto ao microscópio.

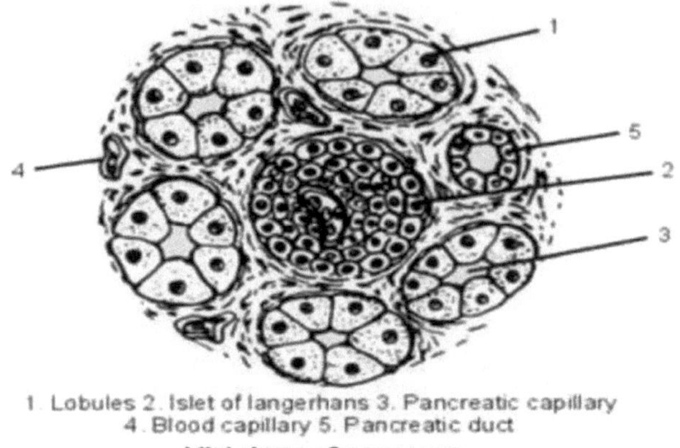

Figl.7 Histologia do pâncreas

Os tecidos com um papel endócrino podem ser vistos sob coloração como aglomerados de células ligeiramente corados, chamados ilhéus pancreáticos (também chamados ilhéus de Langerhans). As células de coloração mais escura formam grupos chamados ácinos, que estão dispostos em lóbulos separados por uma fina barreira fibrosa.

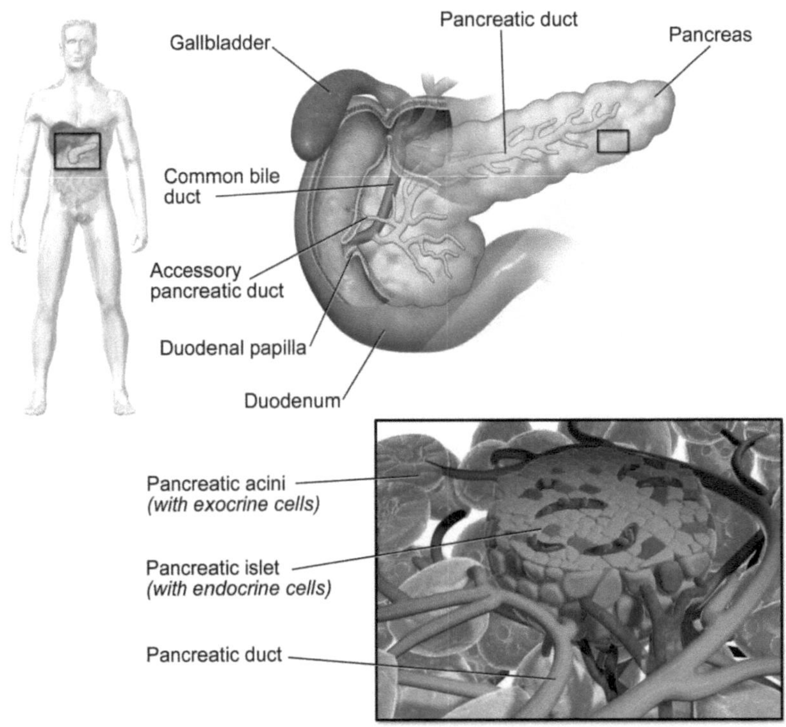

Pancreatic Tissue

Fig 1.8 Secção de tecidos pancreáticos

As células secretoras de cada acinus rodeiam um pequeno *ducto intercalado*. Devido à sua função secretora, estas células têm muitos grânulos pequenos de zimogéneos que são visíveis. Os ductos intercalados drenam para ductos maiores dentro do lóbulo e, finalmente, para *ductos interlobulares*. Os ductos são revestidos por uma única camada de epitélio colunar. Com o aumento do diâmetro, podem ser observadas várias camadas de células colunares.

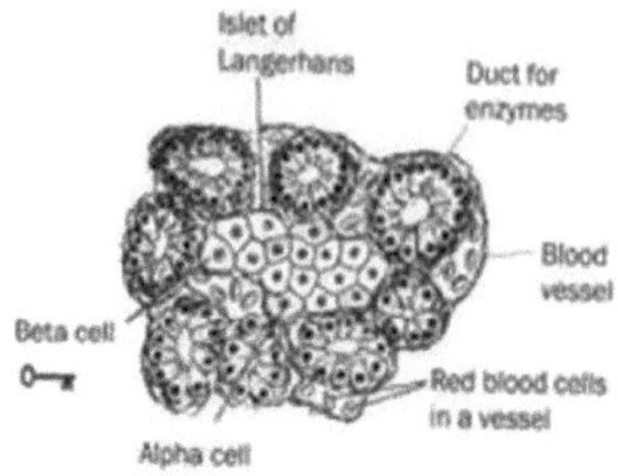

Fig 1.9 Secção de células pancreáticas

Função

O pâncreas está envolvido no controlo do açúcar no sangue e no metabolismo do organismo, bem como na secreção de substâncias que ajudam a digestão. Classicamente, dividem-se num papel "endócrino", relacionado com a secreção de [insulina] e de outras substâncias nos ilhéus pancreáticos, que ajudam a controlar os níveis de açúcar no sangue e o metabolismo no organismo, e num papel "exócrino", relacionado com a secreção de enzimas envolvidas na digestão de substâncias provenientes do exterior do organismo.

Controlo do açúcar e do metabolismo:

No pâncreas estão presentes cerca de 3 milhões de aglomerados de células denominadas ilhéus pancreáticos. Dentro destes ilhéus existem quatro tipos de células que estão envolvidas na regulação dos níveis de glucose no sangue. Cada tipo de célula segrega um tipo diferente de hormona:

As células S α alfa segregam glucagon (aumentam a glucose no sangue),

As células beta β segregam insulina (diminuem a glucose no sangue),

S As células δ delta segregam somatostatina (regula/pára as células α e β) e

As células S pp, ou células γ (gama), segregam o polipéptido pancreático.

Estas agem para controlar a glicemia através da secreção de glucagon, para aumentar os níveis de glicose, e de insulina, para os diminuir. Os ilhéus são atravessados por uma densa rede de capilares.

Os capilares dos ilhéus são revestidos por camadas de células dos ilhéus e a maior parte das células endócrinas está em contacto direto com os vasos sanguíneos, quer por processos citoplasmáticos, quer por aposição direta. Os ilhéus funcionam de forma independente do papel digestivo desempenhado pela maioria das células pancreáticas.

A atividade das células das ilhotas é afetada pelo sistema nervoso autónomo:

Simpático (adrenérgico)

α2: diminui a secreção das células beta, aumenta a secreção das células alfa,

β2: aumenta a secreção das células beta

Parassimpático (muscarínico)

M3: aumenta a estimulação das células alfa e das células beta.

Glândula Adrenal

As **glândulas supra-renais** (também conhecidas como **glândulas supra-renais**) são glândulas endócrinas que produzem uma variedade de hormonas, incluindo a adrenalina e os esteróides aldosterona e cortisol, e encontram-se acima dos rins. Cada glândula tem um córtex exterior que produz hormonas esteróides e uma medula interior.

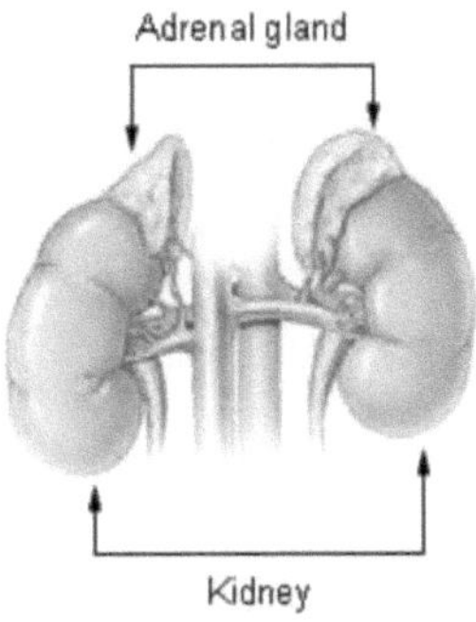

Fig1.11 Localização da glândula suprarrenal

O córtex suprarrenal está dividido em três zonas:

1. zonaglomerulosa,

2. zona fasciculada e

3. Zonareticularis.

Os mineralocorticóides (como a aldosterona) produzidos na zona glomerulosa ajudam na regulação da pressão arterial e do equilíbrio eletrolítico. Os glucocorticóides cortisol e corticosterona são sintetizados na zona fasciculada; as suas funções incluem a regulação do metabolismo e a supressão do sistema imunitário.

A glândula suprarrenal segrega uma série de hormonas diferentes que são metabolizadas por enzimas dentro da glândula ou noutras partes do corpo. Estas hormonas estão envolvidas numa série de funções biológicas essenciais

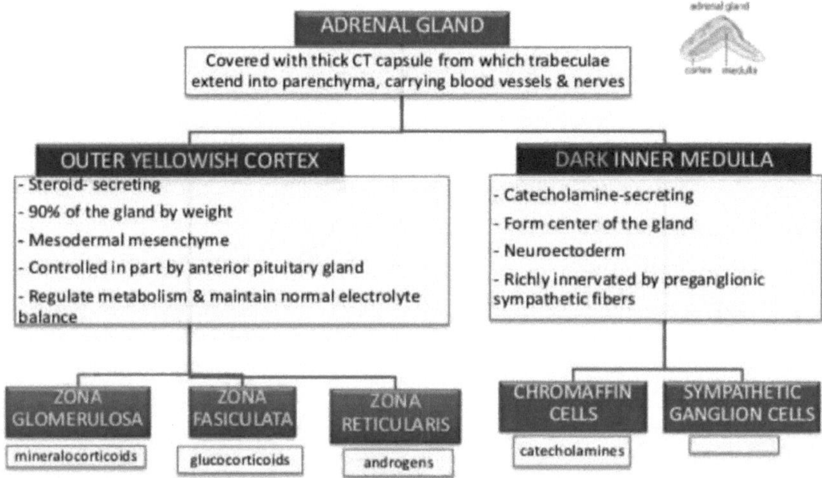

Fig: 1.8 Visão geral da glândula suprarrenal

O córtex suprarrenal produz três tipos principais de hormonas esteróides:

1. Mineralocorticóides,

2. Glucocorticóides, e

3. Androgénios.

A camada mais interna do córtex, a zona reticular, produz androgénios que são convertidos em hormonas sexuais totalmente funcionais nas gónadas e noutros órgãos-alvo. A produção de hormonas esteróides é designada por esteroidogénese e envolve uma série de reacções e processos que ocorrem nas células corticais. A medula produz as catecolaminas adrenalina e noradrenalina, que funcionam para produzir uma resposta rápida em todo o corpo em situações de stress.

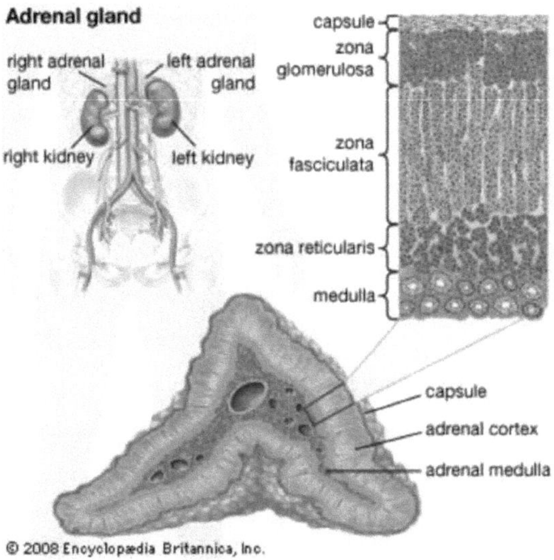

Fig1.9 Glândula adrenal

Várias doenças endócrinas envolvem disfunções da glândula suprarrenal. A produção excessiva de cortisol conduz à síndroma de Cushing, enquanto a produção insuficiente está associada à doença de Addison. A hiperplasia congénita da suprarrenal é uma doença genética produzida por uma desregulação dos mecanismos de controlo endócrino. Uma variedade de tumores pode surgir a partir do tecido suprarrenal e são normalmente encontrados em exames de imagiologia médica quando se procuram outras doenças.

Corticosteróides

Os corticosteróides são um grupo de hormonas esteróides produzidas a partir do córtex da glândula suprarrenal, que lhes deu o nome. Os corticosteróides são designados de acordo com as suas acções:

S Os mineralocorticóides, como a aldosterona, regulam o equilíbrio do sal ("mineral") e o volume sanguíneo.

S Os glucocorticóides, como o cortisol, influenciam as taxas de metabolismo das proteínas, gorduras e açúcares ("glicose")

Mineralocorticóides

A glândula suprarrenal produz aldosterona, um mineralocorticóide, que é importante na regulação do equilíbrio do sal ("mineral") e do volume sanguíneo. Nos rins, a aldosterona actua nos túbulos contorcidos distais e nos canais colectores, aumentando a reabsorção de sódio e a excreção de iões de potássio e de hidrogénio. A aldosterona é responsável pela reabsorção de cerca de 2% do sódio filtrado nos rins, o que é quase igual a todo o teor de sódio no sangue humano com taxas de filtração glomerular normais. A retenção de sódio é também uma resposta do cólon distal e das glândulas sudoríparas à estimulação dos receptores da aldosterona. A angiotensina II e o potássio extracelular são os dois principais reguladores da produção de aldosterona. A quantidade de sódio presente no organismo afecta o volume extracelular, que por sua vez influencia a pressão arterial. Por conseguinte, os efeitos da aldosterona na retenção de sódio são importantes para a regulação da pressão arterial.

Glucocorticóides

O cortisol é o principal glucocorticoide nos seres humanos. Nas espécies que não produzem cortisol, este papel é desempenhado pela corticosterona. Os glucocorticóides têm muitos efeitos no metabolismo. Como o seu nome sugere, aumentam o nível de glucose em circulação. Isto resulta de um aumento da mobilização de aminoácidos das proteínas e da estimulação da síntese de glucose a partir destes aminoácidos no fígado. Além disso, aumentam os níveis de ácidos gordos livres, que as células podem utilizar como alternativa à glicose para obter energia. Os glucocorticóides têm também efeitos não relacionados com a regulação dos níveis de açúcar no sangue, incluindo a supressão do sistema imunitário e um potente efeito anti-inflamatório. O cortisol reduz a capacidade dos osteoblastos para produzir novo tecido ósseo e diminui a absorção de cálcio no trato gastrointestinal. A glândula suprarrenal segrega um nível basal de cortisol, mas também pode produzir explosões da hormona em resposta à hormona adrenocorticotrópica (ACTH) da pituitária anterior. O cortisol não é libertado uniformemente durante o dia - as suas concentrações no sangue são mais elevadas no início da manhã e mais baixas à noite, em resultado do ritmo circadiano da secreção de ACTH. A cortisona é um produto inativo da ação da enzima 11β-HSD sobre o cortisol. A reação catalisada pela 11β-HSD é reversível, o que significa que pode transformar a cortisona administrada em cortisol, a hormona biologicamente ativa.

Adrenalina e noradrenalina

A epinefrina e a norepinefrina, a adrenalina e a noradrenalina são catecolaminas, compostos hidrossolúveis que têm uma estrutura constituída por um grupo catecol e um grupo amina. As glândulas supra-renais são responsáveis pela maior parte da adrenalina que circula no corpo, mas apenas por uma pequena quantidade de noradrenalina circulante. Estas hormonas são libertadas pela medula suprarrenal, que contém uma densa rede de vasos sanguíneos. A adrenalina e a noradrenalina actuam nos adrenoreceptores em todo o corpo, com efeitos que incluem um aumento da pressão arterial e da frequência cardíaca. As acções da adrenalina e da noradrenalina são responsáveis pela resposta de luta ou fuga, caracterizada por uma aceleração da respiração e do ritmo cardíaco, um aumento da pressão arterial e a constrição dos vasos sanguíneos em muitas partes do corpo.

Formação

As catecolaminas são produzidas nas células cromafins da medula da glândula suprarrenal, a partir da tirosina, um aminoácido não essencial derivado dos alimentos ou produzido a partir da fenilalanina no fígado. A enzima tirosina hidroxilase converte a tirosina em L-DOPA na primeira etapa da síntese das catecolaminas. A L-DOPA é depois convertida em dopamina antes de poder ser transformada em noradrenalina. No citosol, a noradrenalina é convertida em epinefrina pela enzima feniletanolamina N-metiltransferase (PNMT) e armazenada em grânulos.

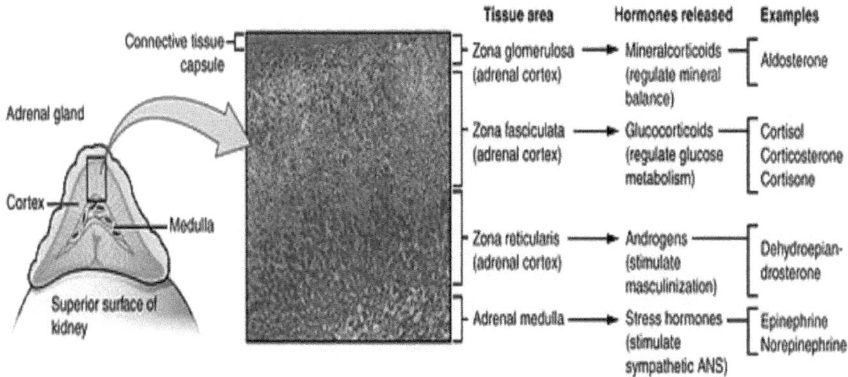

Fig. 10 Hormonas segregadas pela glândula suprarrenal

Os glucocorticóides produzidos no córtex suprarrenal estimulam a síntese de catecolaminas através do aumento dos níveis de tirosina hidroxilase e PNMT. A libertação de catecolaminas é estimulada pela ativação do sistema nervoso simpático. Os nervos esplâncnicos do sistema nervoso simpático inervam a medula da glândula suprarrenal. Quando ativado, evoca a libertação de catecolaminas dos grânulos de armazenamento, estimulando a abertura de canais de cálcio na membrana celular

Glândula Pineal

A glândula pineal, também conhecida como corpo pineal, conarium ou epífise cerebral, é uma pequena glândula endócrina situada no cérebro dos vertebrados. A forma da glândula assemelha-se a uma pinha, daí o seu nome. A glândula pineal localiza-se no epitálamo, perto do centro do cérebro, entre os dois hemisférios, num sulco onde as duas metades do tálamo se unem. Quase todas as espécies de vertebrados possuem uma glândula pineal. A exceção mais importante é o peixe-cão, que é frequentemente considerado como o vertebrado mais primitivo que existe. No entanto, mesmo no peixe-cão, pode existir uma estrutura "equivalente à pineal" no diencéfalo dorsal. O lanceiro *Branchiostoma Ianceolatum*, o parente existente mais próximo dos vertebrados, também não possui uma glândula pineal reconhecível. A lampreia (considerada quase tão primitiva quanto o peixe-sapo), no entanto, possui uma. Alguns vertebrados mais desenvolvidos perderam as glândulas pineais ao longo da sua evolução.

Os resultados de várias investigações científicas em biologia evolutiva, neuroanatomia comparativa e neurofisiologia explicaram a filogenia da glândula pineal em diferentes espécies de vertebrados. Do ponto de vista da evolução biológica, a glândula pineal representa uma espécie de fotorreceptor atrofiado. No epitálamo de algumas espécies de anfíbios e répteis, está ligada a um órgão sensor da luz, o olho parietal, também designado por olho pineal ou *terceiro olho*.

PINEAL GLAND

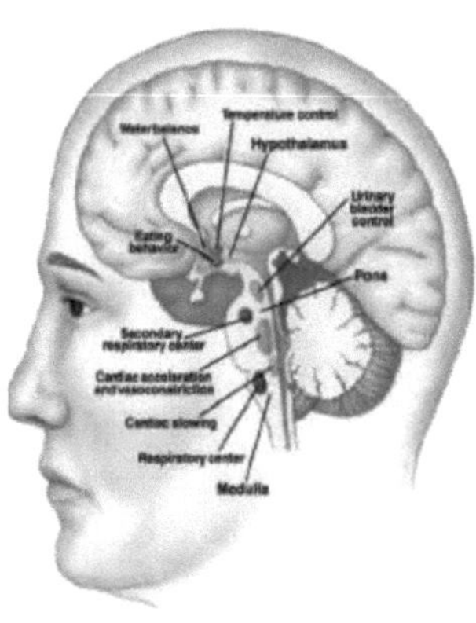

- Cone-shape midline projection from roof of the diencephalons
- 5-8 mm X 3-5 mm (120 mg)
- Covered by pia mater → capsule →septa→incomplete lobules
- Parenchym composed by : **pinealocytes** & **interstitial cell**
- **Melatonine** secretion are influenced by light and dark

Fig: 1.19 Composição da glândula pineal

René Descartes acreditava que a glândula pineal era a "sede principal da alma". A filosofia académica dos seus contemporâneos considerou a glândula pineal como uma estrutura neuroanatómica sem qualidades metafísicas especiais; a ciência estudou-a como uma glândula endócrina entre muitas outras. No entanto, a glândula pineal continua a ter um estatuto exaltado no domínio da pseudociência. A glândula pineal é a única estrutura cerebral da linha média que não está emparelhada (ázigo). O seu nome deve-se à sua forma de pinha. A glândula é cinzento-avermelhada e tem o tamanho aproximado de um grão de arroz (58 mm) nos seres humanos. A glândula pineal, também chamada de corpo pineal, faz parte do epitálamo e situa-se entre os corpos talâmicos posicionados lateralmente e atrás da comissura habenular. Está localizada na cisterna quadrigeminal, perto dos corpos quadrigémeos. Situa-se também atrás do terceiro ventrículo e é banhada pelo líquido cefalorraquidiano. A superfície da glândula é coberta por uma cápsula pial através de um pequeno recesso pineal do terceiro ventrículo que se projecta para o pedúnculo da glândula. A glândula pineal é constituída principalmente por pinealócitos, mas foram identificados quatro outros tipos. Por ser bastante celular (em relação ao córtex e à substância branca), pode ser confundida com uma neoplasia.

Estudos realizados em roedores sugerem que a glândula pineal influencia a secreção das hormonas sexuais pela hipófise, a hormona folículo-estimulante (FSH) e a hormona luteinizante (LH). Num estudo realizado por Motta, Fraschini e Martini (1967), foi efectuada uma pinealectomia em roedores. Não se observou qualquer alteração do peso da hipófise, mas registou-se um aumento da concentração de FSH e LH na glândula. Neste mesmo estudo, a administração de melatonina não fez regressar as concentrações de FSH aos níveis normais, sugerindo que a glândula pineal influencia a secreção de FSH e LH da hipófise através de outra molécula transmissora.

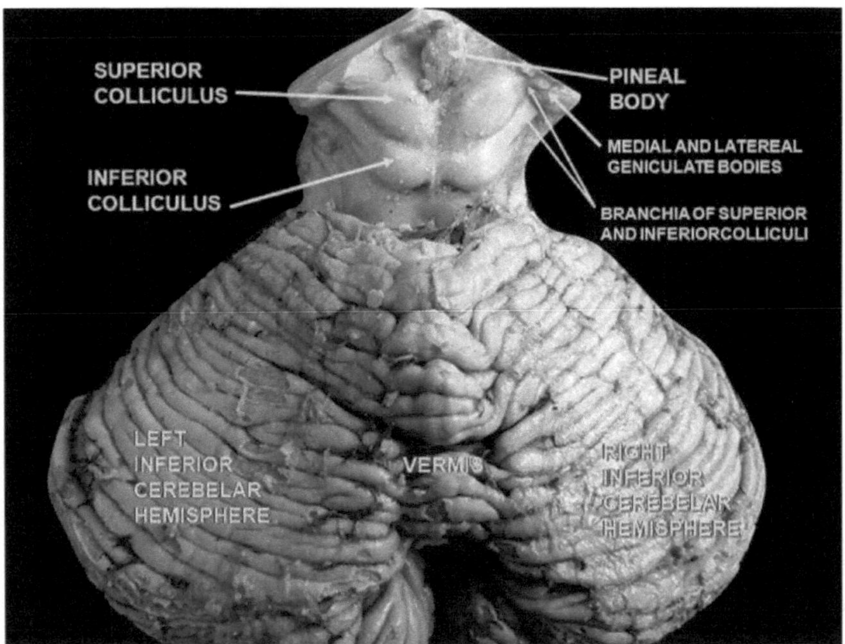

Figl.14 Secção da glândula pineal

Nalgumas partes do cérebro e, em particular, na glândula pineal, existem estruturas de cálcio, cujo número aumenta com a idade, denominadas corpora arenacea (ou "acervuli", ou "areia cerebral").

Afirma-se também que o composto pinolina é produzido na glândula pineal; é uma das beta-carbolinas. Esta afirmação é objeto de alguma controvérsia.

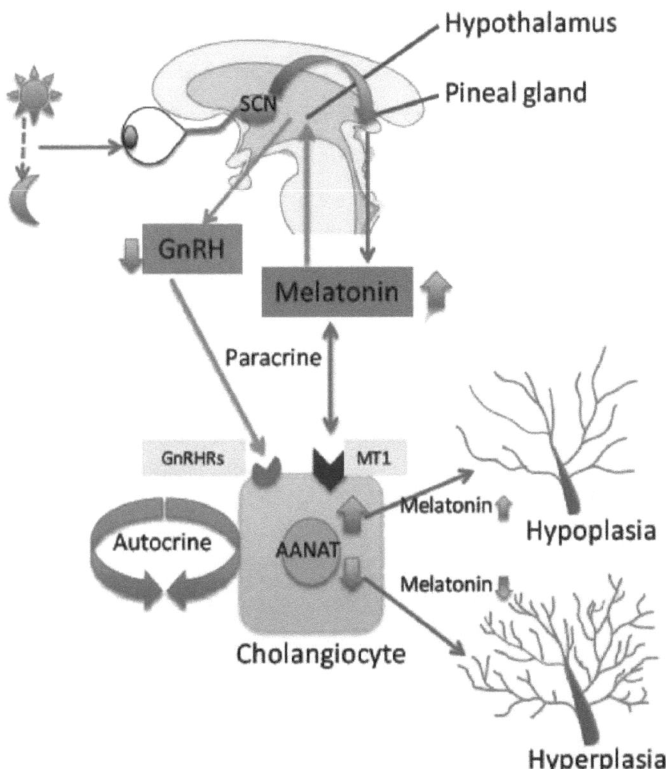

Fig.1.12Função da glândula Pineal

A análise química mostra que são compostos por fosfato de cálcio, carbonato de cálcio, fosfato de magnésio e fosfato de amónio. Em 2002, foram descritos depósitos da forma calcite do carbonato de cálcio. Os depósitos de cálcio e de fósforo na glândula pineal têm sido associados ao envelhecimento.

A principal função da glândula pineal é produzir melatonina. A melatonina tem várias funções no sistema nervoso central, a mais importante das quais é ajudar a modular os padrões de sono. A produção de melatonina é estimulada pela escuridão e inibida pela luz. As células nervosas sensíveis à luz na retina detectam a luz e enviam este sinal para o núcleo supraquiasmático (SCN), sincronizando o SCN com o ciclo dia-noite. As fibras nervosas transmitem então a informação sobre a luz do dia do SCN para os núcleos paraventriculares (PVN), depois para a medula espinal e, através do sistema simpático, para os gânglios cervicais superiores (SCG), e daí para a glândula pineal.

Glândula tiroide

A glândula tiroide ou simplesmente tiroide é uma glândula endócrina situada no pescoço, constituída por dois lóbulos ligados por um istmo. Encontra-se na parte anterior do pescoço, por baixo da maçã de Adão. A glândula tiroide segrega as hormonas da tiroide, que influenciam principalmente a taxa metabólica e a síntese proteica. A hormona ajuda sobretudo no desenvolvimento. As hormonas da tiroide, como a *triiodotironina* (T3) *e* a tiroxina (T4), são criadas a partir do iodo e da tirosina, respetivamente. A produção hormonal da tiroide é regulada pela *hormona estimulante da tiroide* (TSH) segregada pela glândula pituitária anterior, que por sua vez é regulada pela *hormona libertadora de tirotrofina* segregada pelo hipotálamo.

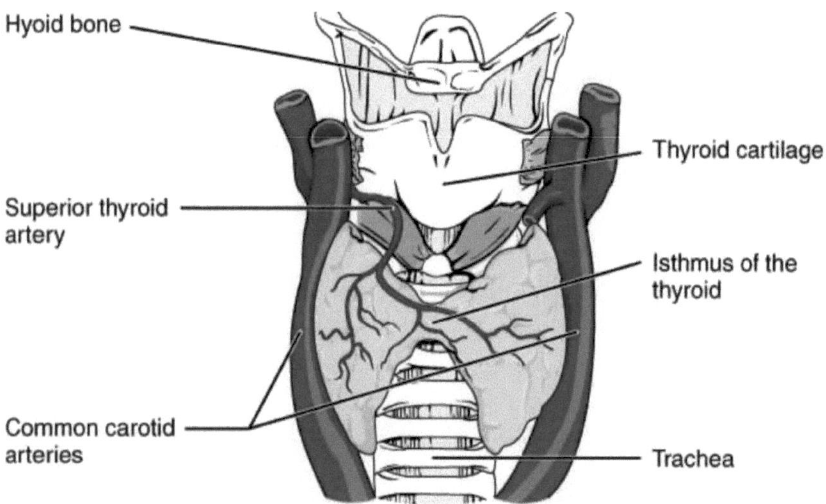

Figl.223Localização da glândula tiroide

A nível mundial, a causa mais comum é a deficiência de iodo. As hormonas tiroideias são importantes para o desenvolvimento, e o hipotiroidismo secundário à carência de iodo continua a ser a principal causa de deficiência intelectual evitável. Nas regiões com carência de iodo, a causa mais comum de hipotiroidismo é a tiroidite de Hashimoto, também uma doença autoimune. Além disso, a glândula tiroide pode também desenvolver vários tipos de nódulos e cancro.

A glândula tiroide é um órgão em forma de borboleta que se situa na parte da frente do pescoço. É composta por dois lobos, esquerdo e direito, ligados por um istmo estreito. A tiroide pesa 25 gramas nos adultos, tendo cada lóbulo cerca de 5 cm de comprimento, 3 cm de largura e 2 cm de espessura, e o istmo cerca de 1,25 cm de altura e largura. A glândula é normalmente maior nas mulheres e aumenta de tamanho durante a gravidez.

Histologia

Ao nível microscópico, existem três caraterísticas principais dos folículos da tiroide, das células foliculares e das células parafoliculares, descobertas pela primeira vez por

Geoffery Websterson em 1664.

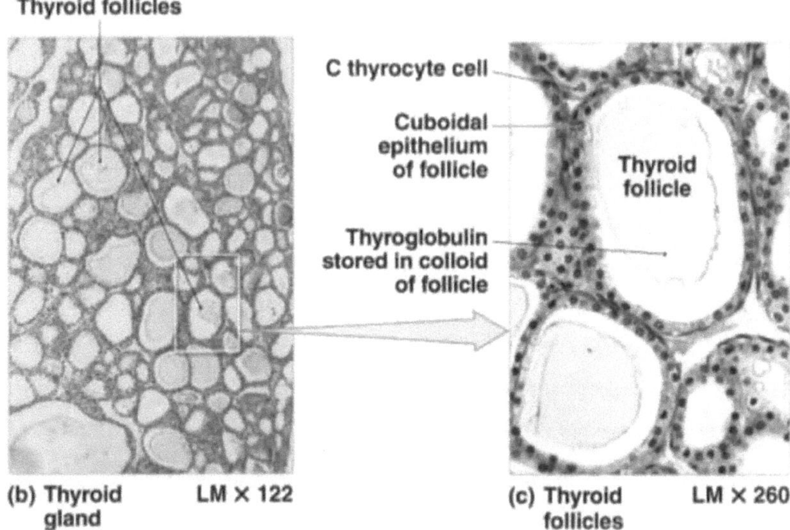

Anatomy and Histological Organization of the Thyroid Gland

Folículos

Os folículos da tiroide são pequenos agrupamentos esféricos de células com 0,02-0,9 mm de diâmetro que desempenham o papel principal na função da tiroide. São constituídos por uma borda com um rico suprimento sanguíneo, presença nervosa e linfática que rodeia um núcleo de coloide que consiste principalmente em proteínas precursoras da hormona tiroideia chamadas timoglobulina, uma glicoproteína iodada.

Células foliculares

O núcleo de um folículo é rodeado por uma única camada de células foliculares. Quando estimuladas pela hormona estimulante da tiroide (TSH), estas segregam as hormonas tiroideias T3 e T4. Para o efeito, transportam e metabolizam a tiroglobulina contida no coloide. A forma das células foliculares varia entre achatada, cuboide e colunar, dependendo do seu grau de atividade.

Células parafoliculares

Entre as células foliculares e nos espaços entre os folículos esféricos encontra-se um outro tipo de células da tiroide, as células parafoliculares. Estas células segregam calcitonina, pelo que são também designadas por células C.

A principal função da tiroide é a produção das **hormonas da tiroide** que contêm iodo, a triiodotironina (T3) e a tiroxina (T4), bem como da **hormona peptídica calcitonina**. A T3 é assim designada porque contém três átomos de iodo por molécula e a T4 contém quatro átomos de iodo por molécula. As hormonas da tiroide têm uma vasta gama de efeitos no corpo humano. Estes incluem:

> **Metabólico.** As hormonas da tiroide aumentam a taxa metabólica basal e têm efeitos em quase todos os tecidos do corpo. O apetite, a absorção de substâncias e a motilidade intestinal são todos influenciados pelas hormonas da tiroide. Aumentam a absorção no intestino, a produção, a absorção pelas células e a degradação da glucose. Estimulam a decomposição das gorduras e aumentam o número de ácidos gordos livres. Apesar de aumentarem os ácidos gordos livres, as hormonas da tiroide diminuem os níveis de colesterol, talvez por aumentarem a taxa de secreção de colesterol na bílis.

> **Cardiovasculares.** As hormonas aumentam o ritmo e a força do batimento cardíaco. Aumentam o ritmo da respiração, a ingestão e o consumo de oxigénio, e aumentam a atividade das mitocôndrias. Em conjunto, estes factores aumentam o fluxo sanguíneo e a temperatura do corpo.

> **Desenvolvimento.** As hormonas da tiroide são importantes para o desenvolvimento normal. Aumentam a taxa de crescimento dos jovens, e as células do cérebro em desenvolvimento são um dos principais alvos das hormonas tiroideias T3 e T4. As hormonas da tiroide desempenham um papel particularmente importante na maturação do cérebro durante o desenvolvimento fetal.

> As hormonas da tiroide também desempenham um papel na manutenção de uma função

sexual normal, do sono e dos padrões de pensamento. Níveis elevados estão associados a um aumento da velocidade de geração de pensamento, mas a uma diminuição da concentração. A função sexual, incluindo a libido e a manutenção de um ciclo menstrual normal, é influenciada pelas hormonas da tiroide.

Após a secreção, apenas uma proporção muito pequena das hormonas tiroideias circula livremente no sangue. A maior parte está ligada à globulina de ligação à tiroxina (cerca de 70%), à transtirretina (10%) e à albumina (15%). Apenas 0,03% da T4 e 0,3% da T3 que circulam livremente têm atividade hormonal. Além disso, até 85% do T3 no sangue é produzido após a conversão de T4 por desiodinases de iodotironina em órgãos do corpo.

Para além destas acções no ADN, as hormonas da tiroide também actuam na membrana celular ou no citoplasma através de reacções com enzimas, incluindo a cálcio ATPase, a adenilil ciclase e os transportadores de glicose.

As hormonas da tiroide são criadas a partir da tiroglobulina. Esta é uma proteína no espaço folicular que é originalmente criada no retículo endoplasmático rugoso das células foliculares e depois transportada para o espaço folicular. A tiroglobulina contém 123 unidades de tirosina, que reage com o iodo no espaço folicular.

O iodo é essencial para a produção das hormonas da tiroide. O iodo (I^0) viaja no sangue sob a forma de iodeto (I"), que é absorvido nas células foliculares por um simportador sódio-iodeto. Trata-se de um canal iónico na membrana celular que, na mesma ação, transporta dois iões de sódio e um ião de iodeto para o interior da célula. O iodeto desloca-se então do interior da célula para o espaço folicular, através da ação da pendrina, um antiporte de iodidocloreto. No espaço folicular, o iodeto é então oxidado a iodo. Isto torna-o mais reativo e o iodo é ligado às unidades activas de tirosina da tiroglobulina pela enzima peroxidase da tiroide.

Isto forma os precursores das hormonas tiroideias monoiodotyrosine (MIT) e diiodotyrosine (DIT).

A glândula tiroide também produz a hormona **calcitonina**, que ajuda a regular os níveis de cálcio no sangue. As células parafoliculares produzem calcitonina em resposta a um nível elevado de cálcio no sangue. A calcitonina diminui a libertação de cálcio do osso, diminuindo a atividade dos **osteoclastos**, células que decompõem o osso. O osso é constantemente reabsorvido pelos osteoclastos e criado pelos **osteoblastos**, pelo que a calcitonina estimula efetivamente o movimento do cálcio para o osso. Os efeitos da calcitonina são opostos aos da hormona paratiroideia, produzida nas glândulas paratiroides. No entanto, a calcitonina parece ser muito menos essencial do que a PTH, uma vez que o metabolismo do cálcio permanece clinicamente normal após a remoção da tiroide (tiroidectomia), mas não das glândulas paratiróides.

Glândula paratireoide

As glândulas paratiróides são pequenas glândulas endócrinas situadas no pescoço dos seres humanos e de outros tetrápodes que produzem a hormona paratiroide. Os seres humanos têm normalmente quatro glândulas paratiróides, localizadas de forma variável na parte posterior da glândula tiroide, existindo uma variação considerável. A hormona paratiroide e a calcitonina (uma das hormonas produzidas pela glândula tiroide) têm um papel fundamental na regulação da quantidade de cálcio no sangue e nos ossos. As glândulas paratiróides partilham um fornecimento de sangue, drenagem venosa e drenagem linfática semelhantes aos das glândulas tiróides.

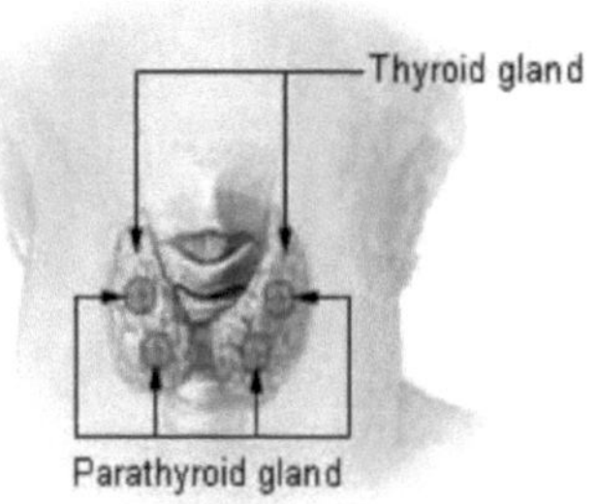

Fig:1.22 Localização da glândula paratiroide

As glândulas paratiroides são derivadas do revestimento epitelial da terceira e quarta bolsas branquiais, com as glândulas superiores surgindo da quarta bolsa e as glândulas inferiores surgindo da terceira bolsa superior. A posição relativa das glândulas inferiores e superiores, que são nomeadas de acordo com a sua localização final, muda devido à migração dos tecidos embriológicos. As glândulas paratiróides são dois pares de glândulas normalmente posicionadas atrás dos lobos esquerdo e direito da tiroide. Cada glândula é um ovoide plano castanho-amarelado que se assemelha a uma semente de lentilha, geralmente com cerca de 6 mm de comprimento e 3 a 4 mm de largura, e 1 a 2 mm no sentido ântero-posterior. Existem normalmente quatro glândulas paratiróides. As duas glândulas paratiróides de cada lado que estão posicionadas mais acima são chamadas de glândulas paratiróides superiores, enquanto as duas inferiores são chamadas de glândulas paratiróides inferiores. As glândulas paratiróides saudáveis pesam geralmente cerca de 30 mg nos homens e 35 mg nas mulheres. Estas glândulas não são visíveis nem podem ser sentidas durante o exame do pescoço.

As glândulas paratiróides têm este nome devido à sua proximidade com a tiroide e desempenham um papel completamente diferente do da glândula tiroide. As glândulas paratiróides são facilmente reconhecíveis da tiroide, uma vez que têm células densamente compactadas, em contraste com a estrutura folicular da tiroide.

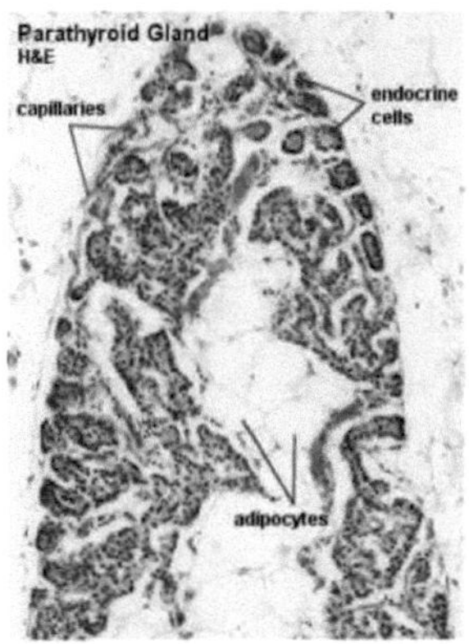

Fig.l.22Histologia da glândula paratireoide

Existem dois tipos únicos de células na glândula paratiroide:

. **Células principais**, que sintetizam e libertam a hormona paratiroideia. Estas células são pequenas e têm um aspeto escuro quando estão carregadas com a hormona paratiroideia e claro quando a hormona foi segregada ou no seu estado de repouso.

. **As células oxífilas**, de aspeto mais claro e que aumentam em número com a idade, têm uma função desconhecida.

Parathyroid Glands

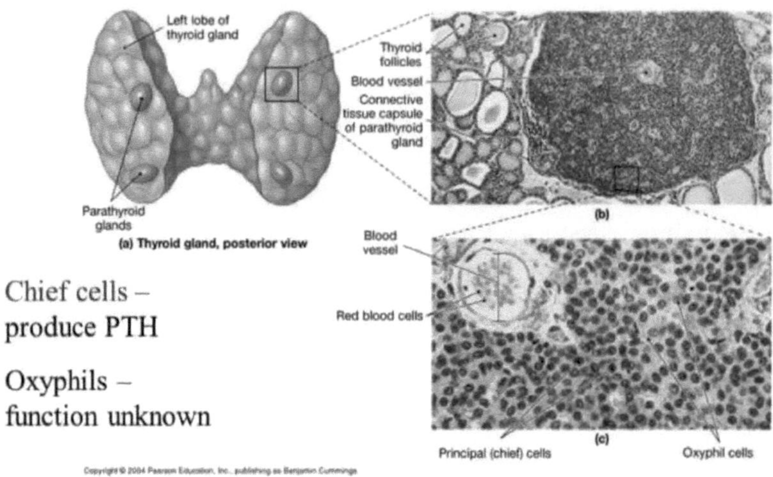

Fig. 2 Representação da diferenciação celular na glândula paratiroide

No início da vida embrionária humana, forma-se uma série de seis bolsas branquiais que dão origem à face humana, ao pescoço e às estruturas circundantes. As bolsas são numeradas de modo que a primeira bolsa é a mais próxima do topo da cabeça do embrião e a sexta é a mais distante. As glândulas paratireóides originam-se da interação entre o endoderma da terceira e quarta bolsas e o mesênquima da crista neural. A posição das glândulas inverte-se durante a vida embriológica. O par de glândulas que é finalmente inferior desenvolve-se a partir da terceira bolsa com o timo, enquanto o par de glândulas que é finalmente superior desenvolve-se a partir da quarta bolsa. Durante o desenvolvimento embriológico, o timo migra para baixo, arrastando consigo as glândulas inferiores. O par superior não é arrastado para baixo pela quarta bolsa no mesmo grau. As glândulas são nomeadas de acordo com suas posições finais, não embriológicas. Uma vez que o destino final do timo é o mediastino do tórax, é ocasionalmente possível ter paratiróides ectópicas derivadas da terceira bolsa dentro da cavidade torácica, se estas não se destacarem no pescoço. A principal função das glândulas paratiróides é manter os níveis de cálcio e fosfato do corpo dentro de um intervalo muito estreito, para que os sistemas nervoso e muscular possam funcionar corretamente. As glândulas paratiróides fazem-no através da secreção da hormona paratiroide.

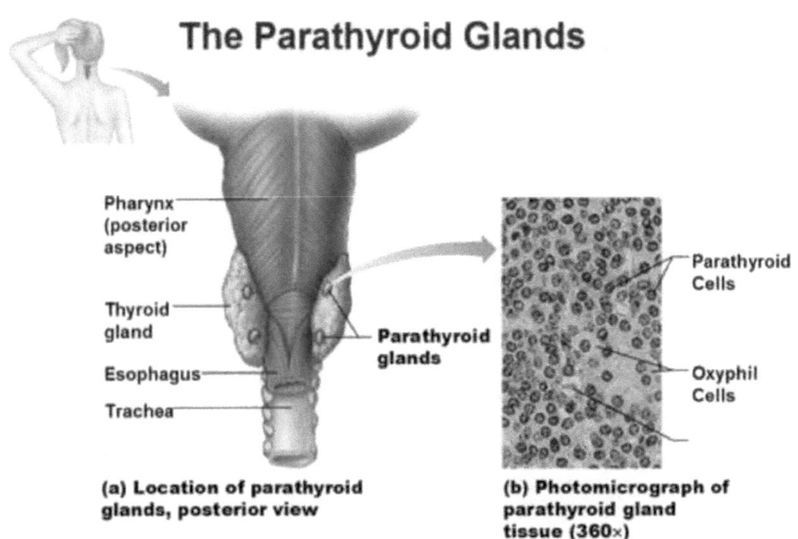

Fig, Glândula paratiroideia

A hormona paratiroideia (PTH, conhecida como paratormona) é uma pequena proteína que participa no controlo da homeostase do cálcio e do fosfato, bem como na fisiologia óssea. A hormona paratiroideia tem efeitos antagónicos aos da calcitonina.

- **Cálcio**. A PTH aumenta os níveis de cálcio no sangue através da estimulação direta dos osteoblastos e, por conseguinte, da estimulação indireta dos osteoclastos (através do mecanismo RANK/RANKL) para quebrar o osso e libertar cálcio. A PTH aumenta a absorção gastrointestinal de cálcio através da ativação da vitamina D e promove a conservação do cálcio (reabsorção) pelos rins.

- **Fosfato**. A PTH é o principal regulador das concentrações séricas de fosfato através de acções nos rins. É um inibidor da reabsorção tubular proximal de fósforo. Através da ativação da vitamina D, a absorção de fosfato é aumentada.

Testes

O **testículo** ou **testículo** é a gónada masculina dos animais. Tal como os ovários, aos quais são homólogos, os testículos (**testículos**) são componentes do sistema reprodutor e do sistema endócrino. As principais funções dos testículos são a produção de espermatozóides (espermatogénese) e a produção de androgénios, principalmente testosterona. Ambas as funções do testículo são influenciadas por hormonas gonadotrópicas produzidas pela pituitária anterior. *A hormona luteinizante* (LH) resulta na libertação de testosterona. A presença da testosterona e da *hormona folículo-estimulante* (FSH) é necessária para apoiar a espermatogénese. Também foi demonstrado em estudos com animais que, se os testículos forem expostos a níveis demasiado altos ou demasiado baixos de estrogénios (como o estradiol; E2), a espermatogénese pode ser perturbada de tal forma que os animais se tornam inférteis. Sob um invólucro membranoso resistente chamado **túnica albugínea**, os testículos dos **amniotas**, bem como de alguns peixes teleósteos, contêm tubos enrolados muito finos chamados **túbulos seminíferos**.

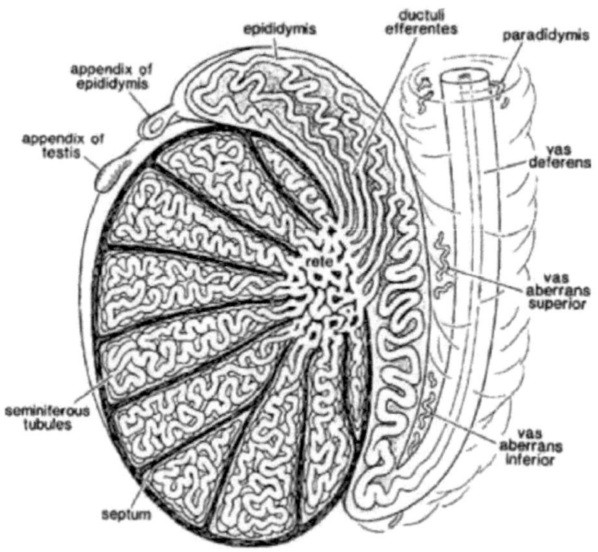

Fig. 33 Túbulo serminífero

Os túbulos são revestidos por uma camada de células (células germinativas) que se desenvolvem, desde a puberdade até à velhice, em espermatozóides (também conhecidos como espermatozóides ou gâmetas masculinos). Os espermatozóides em desenvolvimento viajam através dos túbulos seminíferos para a rete testis localizada no mediastino do testículo, para os ductos eferentes e depois para o epidídimo onde os espermatozóides recém-criados amadurecem (ver espermatogénese). Os espermatozóides movem-se para os canais deferentes e são eventualmente expelidos através da uretra e para fora do orifício uretral através de contracções musculares.

Seminiferous Tubules

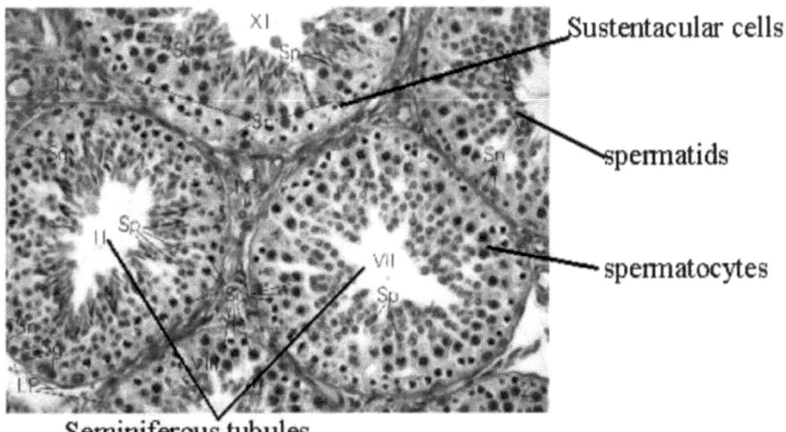

Tipos de células primárias

No interior dos túbulos seminíferos

Aqui, as células germinativas desenvolvem-se em espermatogónias, espermatócitos, espermátides e espermatozóides através do processo de espermatogénese. Os gâmetas contêm ADN para a fertilização de um óvulo.

Células de Sertoli - o verdadeiro epitélio do epitélio seminífero, fundamental para o apoio ao desenvolvimento das células germinativas em espermatozóides. As células de Sertoli segregam inibina. As células mióides peritubulares rodeiam os túbulos seminíferos.

Entre os túbulos (células intersticiais)

Células de Leydig - células localizadas entre os túbulos seminíferos que produzem e segregam testosterona e outros androgénios importantes para o desenvolvimento sexual e a puberdade, e para as caraterísticas sexuais secundárias como os pêlos faciais, o comportamento sexual e a libido, apoiando a espermatogénese e a função erétil.

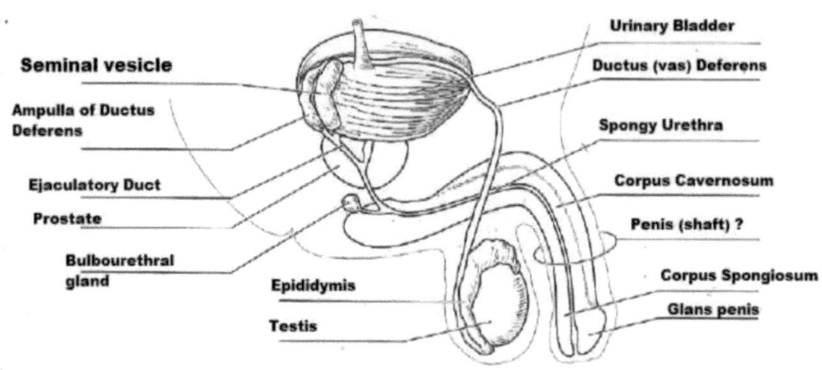

Fig.l.35Testículos humanos

A testosterona também controla o volume testicular.Também estão presentes:

. Células de Leydig imaturas

- Macrófagos intersticiais e células epiteliais.

Até certo ponto, é possível alterar o tamanho dos testículos. A menos que sejam diretamente lesionados ou sujeitos a condições adversas, por exemplo, a uma temperatura mais elevada do que aquela a que estão normalmente habituados, podem ser encolhidos competindo com a sua função hormonal intrínseca através da utilização de hormonas esteróides administradas externamente. Os esteróides tomados para aumentar a massa muscular (especialmente os esteróides anabolizantes) têm muitas vezes o efeito secundário indesejável de encolhimento dos testículos. Os testículos podem diminuir ou atrofiar durante a terapia de substituição hormonal ou através de castração química. Em todos os casos, a perda de volume dos testículos corresponde a uma perda de espermatogénese. Os testículos crescem em resposta ao início da espermatogénese. O tamanho depende da função lítica, da produção de espermatozóides (quantidade de espermatogénese presente no testículo), do líquido intersticial e da produção de líquido pelas células de Sertoli. Após a puberdade, o volume dos testículos pode aumentar mais de 500% em comparação com o tamanho pré-puberal. Os testículos descem completamente antes da puberdade.

Ovários

O ovário (do latim: *ovarium*, literalmente "ovo" ou "noz") é um órgão reprodutor produtor de óvulos, encontrado em pares na fêmea como parte do sistema reprodutor feminino dos vertebrados. As aves têm apenas um ovário funcional (o esquerdo), enquanto o outro permanece vestigial. Os ovários nas fêmeas são análogos aos testículos nos machos, na medida em que são simultaneamente gónadas e glândulas endócrinas. Embora os ovários ocorram numa grande variedade de animais, tanto vertebrados como invertebrados, este artigo trata principalmente dos ovários humanos.

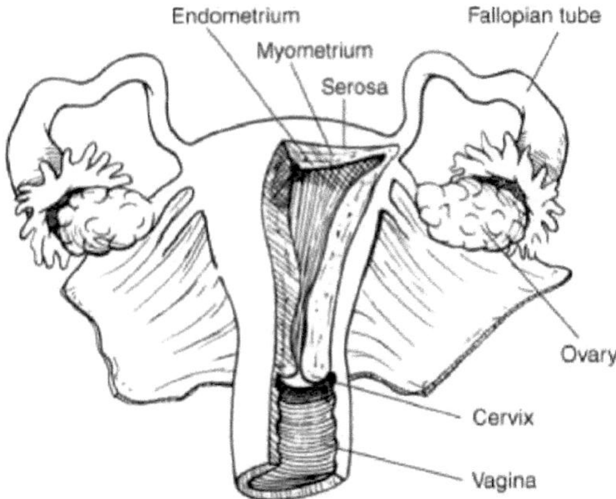

Fig.1.32Ovários humanos

Histologia

• Células foliculares células epiteliais planas que se originam do epitélio de superfície que cobre o ovário

• Células da granulosa - as células foliculares circundantes mudaram de planas para cubóides e proliferaram para produzir um epitélio estratificado

• Gametas

• A camada mais externa é denominada epitélio germinativo.

O *córtex ovárico* consiste em folículos ováricos e estroma entre eles. Nos folículos estão incluídos o cumulus oophorus, a membrana granulosa (e as células da granulosa no seu interior), a corona radiata, a zona pelúcida e o oócito primário. A teca do folículo, o antro e os folículos liquóricos também estão contidos no folículo. Também no córtex está o corpo lúteo derivado dos folículos.

. A camada mais interna é a *medula do ovário*. Pode ser difícil distinguir entre o córtex e a medula, mas os folículos não se encontram normalmente na medula.

O ovário contém também vasos sanguíneos e linfáticos.

Os ovários são o local de produção e libertação periódica dos ovócitos, os gâmetas femininos. Nos ovários, o ovócito em desenvolvimento (ou oócito) cresce no ambiente proporcionado pelos folículos. Os folículos são compostos por diferentes tipos e números de células, consoante a fase da sua maturação, e o seu tamanho é indicativo da fase de desenvolvimento do ovócito. Quando o ovócito termina a sua maturação no ovário, um pico de hormona luteinizante segregada pela hipófise estimula a libertação do ovócito através da rutura do folículo, um processo denominado ovulação. O folículo permanece funcional e reorganiza-se num corpo lúteo, que segrega progesterona para preparar o útero para uma eventual implantação do embrião.

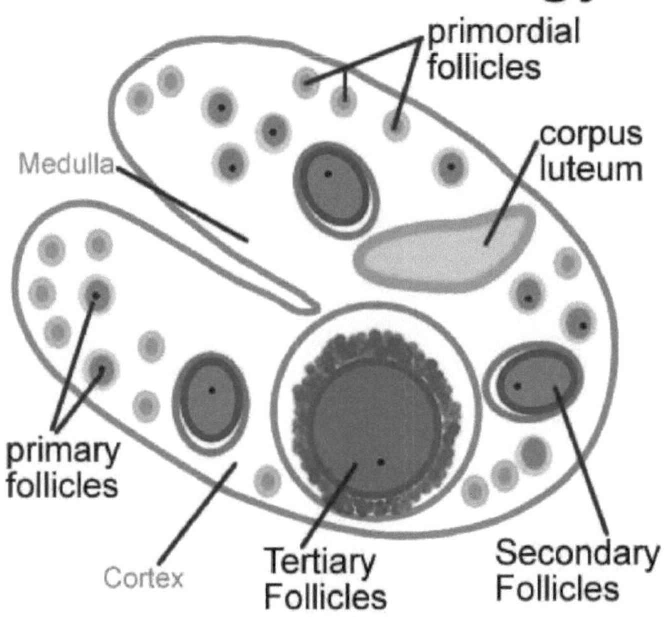

Fig.1.23 Histologia do ovário

Os ovários segregam **estrogénio**, **testosterona** e **progesterona**. Nas mulheres, cinquenta por cento da testosterona é produzida pelos ovários e pelas **glândulas supra-renais** e libertada diretamente na corrente sanguínea. O estrogénio é responsável pelo aparecimento das caraterísticas sexuais secundárias das mulheres na puberdade e pela maturação e manutenção dos órgãos reprodutores no seu estado funcional maduro. A progesterona prepara o útero para a gravidez e as glândulas mamárias para a lactação. A progesterona funciona com o estrogénio, promovendo alterações do ciclo menstrual no endométrio.

Natureza das hormonas

Uma **hormona** é qualquer membro de uma classe de moléculas sinalizadoras produzidas por glândulas em organismos multicelulares que são transportadas pelo sistema circulatório para órgãos-alvo distantes para regular a fisiologia e o comportamento. As hormonas têm estruturas químicas diversas, principalmente de 3 classes: eicosanóides, esteróides e derivados de aminoácidos/proteínas (aminas, péptidos e proteínas). As glândulas que segregam hormonas constituem o sistema de sinalização endócrina. O termo hormona é por vezes alargado para incluir substâncias químicas produzidas por células que afectam a mesma célula (sinalização autócrina ou intracrina) ou células próximas (sinalização parácrina). Do ponto de vista químico, as hormonas são de três tipos. São as proteínas, os polipéptidos, as aminas e os esteróides. A sua natureza química determina a sua meia-vida, a sua solubilidade no plasma, o seu transporte e o seu modo de ação. A síntese destas hormonas é pouco diferente da das proteínas sintetizadas para atividade intracelular. As hormonas proteicas são sintetizadas como uma grande molécula precursora denominada pré-prohormona no retículo endoplasmático. A clivagem em pró-hormona a partir da pré-prohormona ocorre no retículo endoplasmático. As pró-hormonas são transferidas para o aparelho de Golgi para serem embaladas em vesículas secretoras. Dentro da vesícula secretora, ocorre outra clivagem, separando a hormona da pró-hormona. A insulina é sintetizada como pró-hormona com 3 cadeias peptídicas. A clivagem na vesícula secretora dá origem à insulina propriamente dita com 2 cadeias peptídicas. Por vezes, um grande complexo de pró-hormonas, como a proopiomelanocortina segregada pela hipófise anterior e pela medula suprarrenal, dá origem a várias hormonas peptídicas após clivagem, como a ACTH, a MSH, a lipotropina, as endorfinas e as encefalinas. A secreção de hormonas proteicas envolve exocitose, exigindo a entrada de Ca++ e o dispêndio de energia. A secreção também requer citoesqueleto (microtúbulos e microfilamentos) para o transporte da vesícula secretora até a membrana celular. A semi-vida das hormonas proteicas é curta, uma vez que são transportadas principalmente no plasma sob a forma não ligada. As hormonas proteicas, as hormonas peptídicas e as catecolaminas são solúveis em água e, na sua forma dissolvida no plasma, são transportadas para os tecidos-alvo, onde se difundem a partir dos capilares. Algumas hormonas proteicas, como a HCG (gonadotrofina coriónica humana), aparecem na urina numa forma ativa, uma vez que não estão ligadas às proteínas plasmáticas. As hormonas proteicas não podem ser administradas por via oral, uma vez que são hidrolisadas pelas enzimas digestivas. Por conseguinte, para fins terapêuticos, têm de ser administradas por via parentérica. Os receptores das hormonas proteicas estão presentes na superfície da membrana celular. Meia-vida das hormonas: O momento em que 50% da atividade da hormona se perde na circulação. Incluem as hormonas da tiroide e as catecolaminas. Estas hormonas são sintetizadas fora da célula secretora na tiroglobulina, presente no lúmen da glândula. A hormona sintetizada também é armazenada aqui. As hormonas são solúveis em lípidos, pelo que se ligam às proteínas plasmáticas (globulina de ligação da tiroide) e são transportadas. Devido à sua ligação às proteínas, têm uma semi-vida longa (a T4 tem 7 dias, enquanto a T3 tem apenas 1 dia). Os receptores para estas hormonas estão presentes no núcleo. As hormonas da tiroide podem ser administradas por via oral, uma vez que são absorvidas intactas no intestino. As catecolaminas são a epinefrina e a nor epinefrina segregadas pela medula suprarrenal, armazenadas nos grânulos ligados à membrana na célula secretora. As catecolaminas existem tanto na forma ligada como na forma livre. A sua semi-vida é muito curta. (a epinefrina tem 10 segundos e a norepinefrina tem 15 segundos) e, por isso, a sua administração oral é ineficaz, apesar de poderem ser absorvidas intactas. Os receptores para as catecolaminas estão presentes na superfície das células. Os esteróides são sintetizados a partir do colesterol e têm um anel ciclopentanoperidrofenantreno. As hormonas esteróides não são armazenadas na célula secretora. São solúveis em lípidos e, por isso, ligam-se à proteína globulina plasmática e são transportadas. A sua semi-vida é em minutos (a aldosterona tem 30 minutos e o cortisol tem 90 a 100 minutos). Os receptores de esteróides estão presentes intracelularmente no citoplasma e no núcleo. São facilmente absorvidos intactos a partir do trato gastrointestinal, pelo que podem ser administrados por via oral. Os pontos seguintes destacam as cinco categorias de classificação das hormonas. As categorias são: 1. De acordo com a natureza química 2. Com base no mecanismo de ação 3. De acordo com a natureza da ação 4. De acordo com o efeito 5. Com base na estimulação das glândulas endócrinas.

1. De acordo com a Chemical Nature:

(a) Hormonas esteróides:

Estes são constituídos por lípidos, que derivam basicamente do colesterol, por exemplo, testosterona, estrogénio, progesterona, etc.

(b) Hormonas aminas:

Estas hormonas são compostas por aminas. A hormona amina é um derivado do aminoácido tirosina.

por exemplo, T3, T4, epinefrina, norepinefrina.

(c) Hormonas peptídicas:

Estas hormonas são constituídas apenas por alguns resíduos de aminoácidos e apresentam-se como uma cadeia linear simples.

Por exemplo, a oxitocina e a vasopressina são ambas constituídas por apenas 9 resíduos de aminoácidos.

(d) Hormonas proteicas:

Estas hormonas também são compostas por resíduos de aminoácidos, que são muito mais numerosos. Representam a configuração primária, secundária e terciária.

Por exemplo, insulina, glucagon, STH, etc.

(e) Hormonas glicoproteicas:

Estas hormonas são glicoproteínas por natureza. São proteínas conjugadas em que os grupos de hidratos de carbono são a manose, a galactose, a frutose, etc.

Por exemplo, LH, FSH, TSH, etc.

(f) Eicosanóides Hormonas:

Os eicosanóides são pequenos derivados de ácidos gordos com uma variedade de ácido araquidónico, por exemplo, as prostaglandinas.

2. *Com base no mecanismo de ação:*

(a) Hormonas do grupo I:

Estas hormonas ligam-se a receptores intracelulares para formar complexos hormona-recetor (HRC), através dos quais as suas funções bioquímicas são mediadas. Estas hormonas são de natureza lipofílica e são derivados do colesterol (exceto T3 e T4). Encontram-se na circulação em associação com proteínas de transporte e possuem semi-vidas relativamente mais longas (horas ou dia). Por exemplo, estrogénio, progesterona, testosterona, T3, T4, etc.

(b) Hormonas do grupo II:

Estas hormonas ligam-se a receptores de superfície celular (membrana plasmática) e estimulam a libertação de determinadas moléculas, nomeadamente os segundos mensageiros que, por sua vez, desempenham as funções bioquímicas. Assim, as próprias hormonas são de natureza lipofóbica, normalmente transportadas na forma livre e possuem meias-vidas curtas (em minutos).

As hormonas do grupo II são subdivididas em três categorias com base na natureza química dos segundos mensageiros:

(i) O segundo mensageiro é o AMPc. Por exemplo, ACTH, FSH, LH, etc.

(ii) O segundo mensageiro é o fosfolípido/inositol/Ca^{++}.

Por exemplo, TRH, GnRH, Gastrina, etc.

(iii) O segundo mensageiro é desconhecido.

Por exemplo, STH, LTH, insulina, oxitocina, etc.

De acordo com a natureza da ação:

(a) Hormonas locais:

Estas hormonas têm efeitos locais específicos através de secreção parácrina.

Por exemplo, a testosterona.

(b) Hormonas gerais:

Estas hormonas são transportadas por circulação para o órgão-alvo distal/tecido.

Por exemplo, insulina, hormona tiroideia, etc.

4. De acordo com Effect:

(a) Hormonas cinéticas:

Estas hormonas podem provocar a migração de pigmentos, a contração muscular, a secreção glandular, etc.

Por exemplo, Pinealina, MSH, Epinefrina, etc.

(b)   Hormonas metabólicas:

Estas hormonas alteram principalmente a taxa de metabolismo e equilibram a reação.

Por exemplo, insulina, glucagon, PTH, etc.

(c)   Hormonas Morfogenéticas:

Estas hormonas estão envolvidas no crescimento e na diferenciação.

Por exemplo, STH, LTH, FSH, hormonas da tiroide, etc.

5. Com base na estimulação das glândulas endócrinas:

(a)   Hormonas Tropicais:

Estas hormonas estimulam a secreção de outras glândulas endócrinas.

Por exemplo, a TSH da hipófise estimula a secreção da glândula tiroide.

(b)   Hormonas não tropicais:

Estas hormonas exercem o seu efeito em tecidos-alvo não endócrinos.

Por exemplo, a hormona tiroideia aumenta a taxa de consumo de O2 e a atividade metabólica de quase todas as células.

Regulação da secreção hormonal

A regulação hormonal da libertação de hormonas envolve a ligação de uma hormona ao seu recetor numa célula endócrina para regular a secreção hormonal. Uma hormona que estimula a secreção hormonal é designada por hormona trópica. As hormonas trópicas podem também estimular a proliferação de células endócrinas.

Regulação da secreção de hormonas não polares

Para uma hormona não polar, a hormona trópica estimula a secreção endócrina ao estimular *a síntese da hormona* na célula endócrina. (Lembre-se que *a secreção endócrina* é o que ocorre para aumentar a quantidade de hormonas na circulação). Um exemplo é a hormona adrenocorticotrópica (ACTH) que estimula a secreção da hormona esteroide cortisol pelas células da zona fasciculada do córtex suprarrenal.

A figura esquematiza a forma como isto ocorre. A ACTH é segregada por células da adenohipófise (hipófise anterior) e viaja através da circulação até ao córtex suprarrenal, onde se liga ao seu recetor nas células da zona fasciculada. O recetor da ACTH é um recetor acoplado à proteína G (recetor com sete domínios transmembranares). A ligação da ACTH conduz, em última análise, à estimulação da adenilil ciclase e à produção da segunda

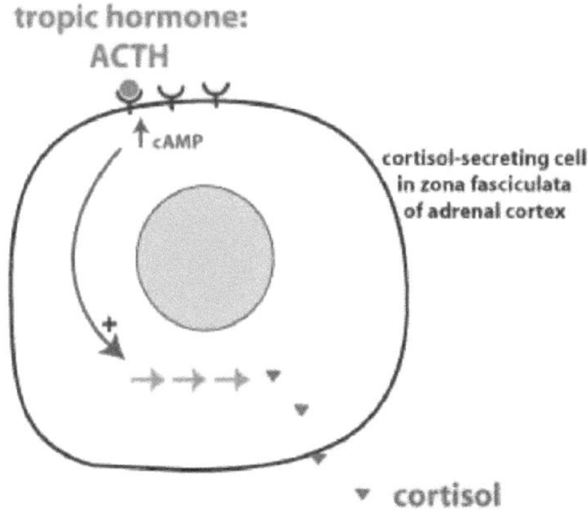

Fig.1.23

O AMP cíclico mensageiro (AMPc) provoca alterações celulares que, em última análise, levam à ativação das enzimas envolvidas na síntese do cortisol. Outros exemplos de hormonas peptídicas que estimulam a libertação de hormonas não polares são as gonadotrofinas (FSH e LH), que controlam a secreção de esteróides gonadais, e a hormona estimulante da tiroide (TSH), que controla a secreção de hormonas da tiroide.

Regulação da secreção de hormonas polares

No caso das hormonas polares, as hormonas trópicas estimulam a secreção endócrina através da estimulação da secreção celular, ou seja, da exocitose. Um exemplo é a regulação da secreção da hormona do crescimento (GH) pela hormona trópica hormona libertadora da hormona do crescimento (GHRH). A GHRH é uma hormona hipofisiotrópica. As hormonas hipofisiotrópicas são produzidas por células endócrinas no hipotálamo e libertadas num leito capilar denominado eminência mediana. São transportadas diretamente para a adeno-hipófise (pituitária anterior) através dos vasos portais hipofisários. A única função das hormonas hipofisiotrópicas é regular a libertação de hormonas pela adeno-hipófise.

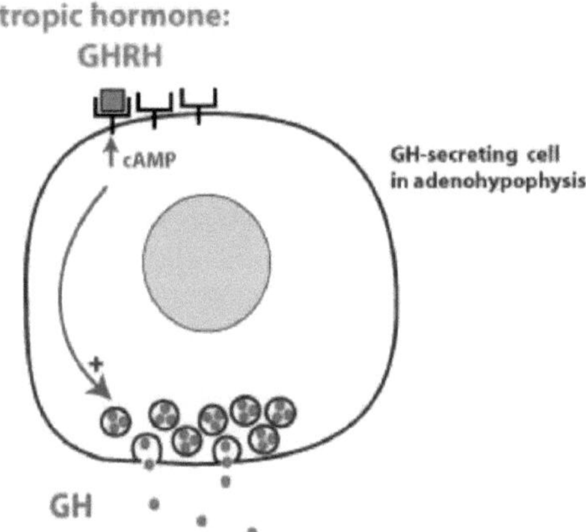

Fig.1.34

Tal como no exemplo anterior, o recetor da hormona peptídica GHRH é um recetor acoplado à proteína G, e a ligação da GHRH leva a um aumento do AMPc. Mas, neste caso, o aumento do AMPc leva à exocitose de vesículas de secreção que contêm a hormona peptídica GH.

Em alguns casos, as hormonas podem inibir a secreção hormonal. Um exemplo importante é a hormona peptídica *somatostatina,* que é uma hormona hipotalâmica que *inibe* a secreção de GH. Outro exemplo importante é a regulação por feedback negativo, em que as hormonas regulam negativamente a secreção das suas próprias hormonas trópicas. Os pontos seguintes destacam as três formas de controlar a secreção de hormonas. As três formas são: 1. Controlo neural 2. Controlo endócrino 3. Controlo por feedback.

1. Controlo Neural:

Algumas secreções endócrinas são exclusivamente controladas por impulsos nervosos.

A secreção das hormonas medulares supra-renais, a secreção das hormonas neuro-hipofisárias e as várias hormonas libertadoras do hipotálamo estão incluídas nesta categoria.

Por exemplo, nos mamíferos, o ato de amamentar o bebé estimula os receptores tácteis no mamilo da mãe e este impulso estimula as células hipotalâmicas através do nervo sensorial e da medula espinal. Mais tarde, a neuro-secreção hipotalâmica estimula a neuro-hipófise para a secreção de oxitocina. A oxitocina ajuda na secreção de leite.

2. Controlo endócrino:

Algumas secreções endócrinas são controladas por outras glândulas endócrinas. Por exemplo, diferentes hormonas libertadoras do hipotálamo controlam a secreção de hormonas da hipófise anterior. A TSH-RH do hipotálamo controla a secreção de TSH da hipófise anterior.

Do mesmo modo, a secreção de TSH e ACTH da hipófise anterior estimula a glândula tiroide e o córtex suprarrenal, respetivamente, para a secreção da hormona tiroide e da hormona cortical suprarrenal.

3. Controlo de feedback:

O processo de inibição ou estimulação da primeira etapa pela etapa final de uma via de reação hormonal é designado por regulação por retroação. A secreção de uma hormona pode ser estimulada ou inibida pelo efeito de feedback de outra hormona ou metabolito.

Este controlo de feedback pode ser dividido em duas formas:

(a) Mecanismo de retroação negativa:

Neste tipo, o aumento da concentração de uma hormona inibe a libertação de uma segunda hormona de outra glândula, o que se designa por controlo de feedback negativo (Fig.3.2)

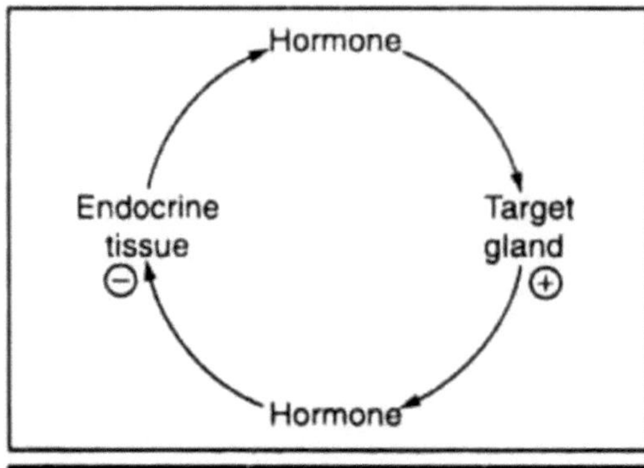

Fig. 3.2: Negative feedback mechanism

Exemplo:

(i) A hormona pineal é de natureza anti-gonadotrópica. O aumento da secreção de pinealina da glândula pineal inibe a hipófise anterior na secreção de gonadotropina.

(ii) A secreção elevada de cortisol do córtex suprarrenal inibe a secreção de corticotrofina da pituitária anterior.

(b) Mecanismo de feedback positivo:

Neste mecanismo, o aumento da concentração de uma hormona actua sobre outra glândula para libertar uma segunda hormona, que estimula ainda mais a primeira hormona, o que se designa por mecanismo de feedback positivo (Fig. 3.3).

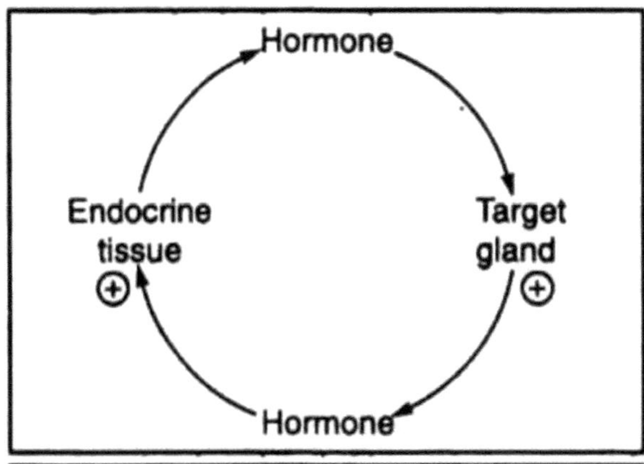

Fig. 3.3: Positive feedback mechanism

Exemplo:

Na fase pré-ovulatória, o estrogénio, uma hormona gonadal, aumenta a libertação de LH hipofisária, que, por sua vez, estimula a produção de estrogénio pelos ovários. Assim, os níveis de estrogénio e de LH aumentam continuamente.

Modo de ação da hormona

As hormonas proteicas e peptídicas, as catecolaminas, como a epinefrina, e os eicosanóides, como as prostaglandinas, encontram os seus receptores na membrana plasmática das células-alvo.

A ligação da hormona ao recetor dá início a uma série de eventos que levam à geração dos chamados segundos mensageiros dentro da célula (a hormona é o primeiro mensageiro). Os segundos mensageiros desencadeiam então uma série de interações moleculares que alteram o estado fisiológico da célula. Outro termo utilizado para descrever todo este processo é a *transdução de sinal*.

Estrutura dos receptores de superfície celular

Os receptores de superfície celular são proteínas integrais de membrana e, como tal, têm regiões que contribuem para três domínios básicos:

• **Domínios extracelulares:** Alguns dos resíduos expostos ao exterior da célula interagem com a hormona e ligam-se a ela - outro termo para estas regiões é o *domínio de ligação ao* *ligando.*

• **Domínios transmembranares:** Os trechos hidrofóbicos de aminoácidos são "confortáveis" na bicamada lipídica e servem para ancorar o recetor na membrana.

• **Domínios citoplasmáticos ou intracelulares:** As caudas ou alças do recetor que se encontram no citoplasma reagem à ligação hormonal interagindo de alguma forma com outras moléculas, levando à geração de segundos mensageiros. Os resíduos citoplasmáticos do recetor constituem assim a *região efectora* da molécula.

Os pontos seguintes destacam os dois mecanismos importantes de ação das hormonas. Os mecanismos são: 1. Modo de ação das hormonas proteicas através de receptores extracelulares 2. Modo de ação das hormonas esteróides através de receptores intracelulares.

1. Modo de Ação das Hormonas Proteicas através dos Receptores Extracelulares: (i) **Formação do Complexo Recetor Hormonal:**

Cada hormona tem o seu próprio recetor. O número de receptores para cada hormona varia. Na maioria das células, o número de receptores de insulina é inferior a 100, mas em algumas células hepáticas esse número pode ser superior a 1 000 000. As moléculas de derivados de aminoácidos, de péptidos ou de proteínas polipeptídicas ligam-se a moléculas receptoras específicas situadas na membrana plasmática para formar o complexo recetor hormonal.

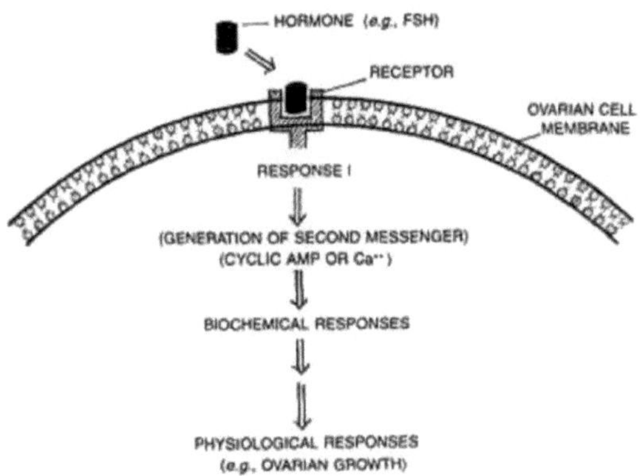

Fig. 22.18. Diagrammatic representation of mechanism of protein hormone action.

(ii) **Formação de Mensageiros Secundários - os Mediadores:**

O complexo hormona-recetor não estimula diretamente a adenilil ciclase presente na membrana celular. Isso é feito através de uma proteína G transdutora. Alfred Gilmans demonstrou que a proteína G é uma proteína de membrana periférica constituída por κ. β e γ (Fig. 22.19).

Interconverte entre a forma GDP e a forma GTP. Nas células musculares ou hepáticas, as hormonas, como a adrenalina, ligam-se ao recetor para formar o complexo hormona-recetor na membrana plasmática.

O complexo hormona-recetor induz a libertação de GDP da proteína G. A subunidade α com GTP separa-se das subunidades β e y combinadas. As subunidades β e y não se separam uma da outra. As subunidades β e γ activadas da proteína G activam a adenilil ciclase. A adenilil ciclase activada catalisa a formação de monofosfato de adenosina cíclico (AMPc) a partir do ATP.

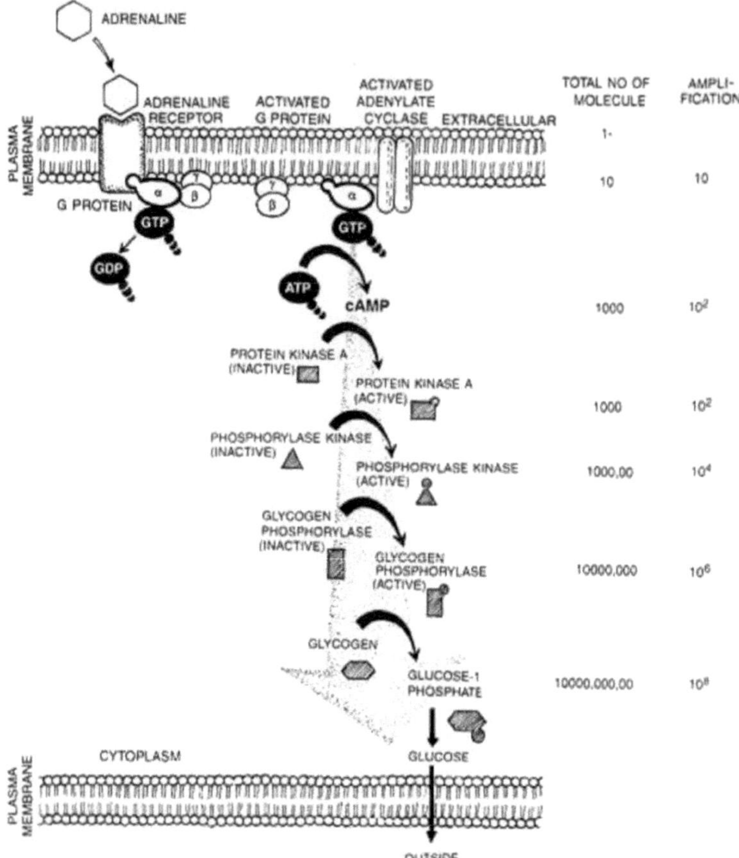

Fig. 22.19. Mode of hormone action through the extracellular receptor and amplification.

A hormona é denominada o primeiro mensageiro e o AMPc é denominado o segundo mensageiro.

$$\text{ATP} \xrightarrow[\text{adenyl cyclase} + \text{Mg}^{++}]{\text{Activated}} \text{cAMP} + \text{PPi}$$

As hormonas que interagem com os receptores ligados à membrana não entram normalmente na célula-alvo, mas geram segundos mensageiros (por exemplo, AMPc). Para além do AMPc, alguns outros segundos mensageiros intracelulares são o monofosfato de guanosina cíclico (GMPc), o diacilglicerol (DAG), o trifosfato de inositol (IP3) e o Ca^{++} , responsáveis pela amplificação do sinal. Earl W. Sutherland Jr (1915-1974) descobriu o AMPc em 1965.

Recebeu o Prémio Nobel da Fisiologia da Medicina em 1971 pela sua descoberta, "Papel do AMPc na ação hormonal".

(iii) Amplificação do sinal:

Uma única molécula activada de adenilil ciclase pode gerar cerca de 100 moléculas de AMPc. Quatro moléculas de AMPc ligam-se agora ao complexo inativo da proteína-quinase para ativar a enzima proteína-quinase .A. Os passos seguintes, como se mostra, envolvem um efeito de cascata. No efeito de cascata, cada molécula activada ativa, por sua vez, muitas moléculas de enzimas inactivas da categoria seguinte na célula alvo. Este processo repete-se várias vezes.

No citoplasma, uma molécula de proteína cinase A ativa várias moléculas de fosforilase cinase. Esta enzima transforma a forma inativa da glicogénio fosforilase numa forma ativa.

A glicogénio fosforilase converte o glicogénio em glicose-1 fosfato. Este último transforma-se em glucose. Como resultado, uma única molécula de hormona ademalina pode levar à libertação de 100 milhões de moléculas de glicose em 1 a 2 minutos. Isto aumenta o nível de glucose no sangue.

(iv) Efeito antagónico:

Os efeitos das hormonas que actuam umas contra as outras são designados por efeitos antagónicos. Muitas células do corpo utilizam mais do que um segundo mensageiro. Nas células cardíacas, o AMPc actua como um segundo mensageiro que aumenta a contração das células musculares em resposta à adrenalina, enquanto o GMPc actua como outro segundo mensageiro que diminui a contração muscular em resposta à acetilcolina.

Assim, os sistemas nervosos simpático e parassimpático têm um efeito antagónico no batimento cardíaco. Outro exemplo de efeito antagónico é o da insulina e do glucagon. A insulina baixa o nível de açúcar no sangue e o glucagon aumenta o nível de açúcar no sangue.

(v) Efeito sinérgico:

Quando duas ou mais hormonas complementam as acções umas das outras e são necessárias para a plena expressão dos efeitos hormonais, designam-se por efeitos sinérgicos. Por exemplo, a produção e a ejeção de leite pelas glândulas mamárias requerem os efeitos sinérgicos das hormonas estrogénios, progesterona, prolactina e oxitocina.

2. *Modo de ação da hormona esteroide através dos receptores intracelulares (Fig. 22.20):*

As hormonas esteróides são solúveis em lípidos e atravessam facilmente a membrana celular de uma célula-alvo para o citoplasma. No citoplasma, ligam-se a receptores intracelulares específicos (proteínas) para formar um complexo recetor hormonal que entra no núcleo.

No núcleo, as hormonas que interagem com receptores intracelulares (por exemplo, hormonas esteróides, iodotirominas, etc.) regulam principalmente a expressão genética ou a função cromossómica através da interação do complexo hormona-recetor com o genoma.

As acções bioquímicas traduzem-se em efeitos fisiológicos e de desenvolvimento (crescimento e diferenciação dos tecidos, etc.). De facto, o complexo recetor hormonal liga-se a um sítio regulador específico no cromossoma e ativa determinados genes (ADN).

O gene ativado transcreve o ARNm que orienta a síntese de proteínas e, normalmente, de enzimas no citoplasma. As enzimas promovem as reacções metabólicas na célula. As acções das hormonas lipossolúveis são mais lentas e duram mais tempo do que as das hormonas hidrossolúveis.

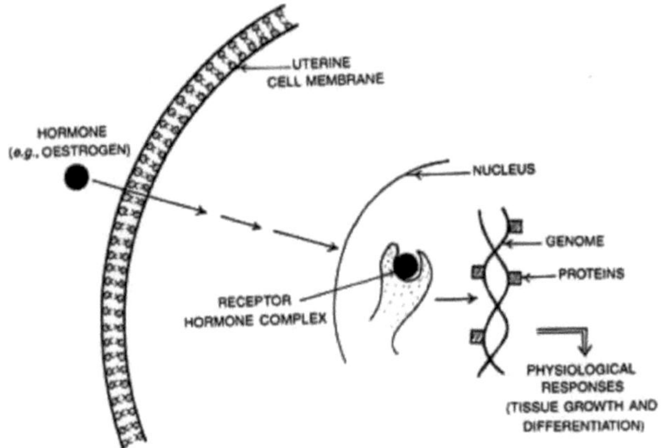

Fig. 22.20. Diagrammatic representation of the mechanism of Steroid hormone.

Papel das Hormonas como Mensageiros e Reguladores (Role of Hormones in Homeostasis):

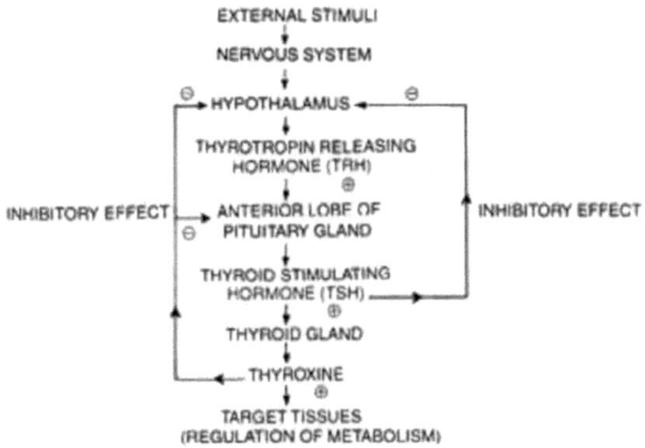

Fig. 22.21. Feed back control involving the hypothalamus, anterior lobe of pituitary gland, thyroid gland and target tissues.

Hormonas como mensageiros [eixo hipotálamo-hipofisário (hipófise)]:

O hipotálamo é uma parte do cérebro anterior. Os seus núcleos hipotalâmicos - massas de matéria cinzenta que contêm neurónios - estão localizados na matéria branca, no assoalho do terceiro ventrículo do cérebro. Os neurónios (células neurosecretoras) dos núcleos hipotalâmicos segregam no sangue algumas hormonas chamadas neuro-hormonas (factores de libertação).

As neuro-hormonas são transportadas para o lobo anterior da hipófise (= hipófise) por um par de veias porta hipofisárias. Na hipófise, as neuro-hormonas estimulam-na a libertar várias hormonas. Por isso, as neuro-hormonas são também chamadas "factores de libertação".

Hipotálamo - principais núcleos envolvidos no controlo do sistema endócrino

O sistema límbico é uma forma conveniente de descrever vários núcleos e estruturas corticais interligados funcional e anatomicamente, localizados no telencéfalo e no diencéfalo. Estes núcleos têm várias funções, mas a maioria está relacionada com o controlo das funções necessárias para a auto-preservação e a preservação da espécie. Regulam a função autonómica e endócrina, nomeadamente em resposta a estímulos emocionais. Estabelecem o nível de excitação e estão envolvidos na motivação e nos comportamentos de reforço. Além disso, muitas destas áreas são fundamentais para determinados tipos de memória. Algumas destas regiões estão intimamente ligadas ao sistema olfativo, uma vez que este sistema é fundamental para a sobrevivência de muitas espécies. As áreas que normalmente fazem parte do sistema límbico dividem-se em duas categorias. Algumas delas são estruturas subcorticais, enquanto muitas são porções do córtex cerebral. As regiões corticais que estão envolvidas no sistema límbico incluem o hipocampo, bem como áreas do neocórtex, incluindo o córtex insular, o córtex frontal orbital, o giro subcaloso, o giro cingulado e o giro parahipocampal. Este córtex foi denominado "lobo límbico" porque forma uma borda que circunda o corpo caloso, seguindo o ventrículo lateral. As porções subcorticais do sistema límbico incluem o bolbo olfativo, o hipotálamo, a amígdala, os núcleos septais e alguns núcleos talâmicos, incluindo o núcleo anterior e possivelmente o núcleo dorsomedial. Uma das formas como o sistema límbico tem sido conceptualizado é como o "cérebro que sente e reage" que se interpõe entre o "cérebro que pensa" e os mecanismos de saída do sistema nervoso. Nesta construção, o sistema límbico está normalmente sob o controlo do "cérebro pensante", mas pode obviamente reagir por si próprio. Além disso, o sistema límbico tem o seu lado de entrada e processamento (o córtex límbico, a amígdala e o hipocampo) e um lado de saída (os núcleos septais e o hipotálamo). Está ligado aos lobos frontais, aos núcleos septais e à formação reticular do tronco cerebral através do feixe medial do prosencéfalo. Recebe também inputs do hipocampo através do fórnix e da amígdala através de duas vias (via amígdalofugal ventral e estria terminal). O hipotálamo tem centros envolvidos na função sexual, na função endócrina, na função comportamental e no controlo autonómico. Para desempenhar as suas funções essenciais, o hipotálamo necessita de vários tipos de estímulos. Existem entradas provenientes da maior parte do corpo, bem como do olfato, das vísceras e da retina. Também possui sensores internos de temperatura, osmolaridade e concentração de glicose e sódio. Além disso, existem receptores para vários sinais internos, nomeadamente hormonas. O hipotálamo influencia fortemente muitas funções, incluindo as funções autonómicas, endócrinas e comportamentais. As funções autonómicas são controladas através de projecções para o tronco cerebral e para a medula espinal. Existem áreas localizadas no hipotálamo que activam o sistema nervoso simpático e outras que aumentam a atividade parassimpática. As funções endócrinas são controladas por ligações axonais diretas à hipófise posterior (controlo da vasopressina e da oxitocina) ou através da libertação de factores de libertação no sistema portal hipotalâmico-hipofisário (para influenciar a função da hipófise anterior). Existem também projecções para a formação reticular que estão envolvidas em determinados comportamentos, nomeadamente nas reacções emocionais. Algumas funções são intrínsecas ao hipotálamo. Estas são funções que requerem uma entrada direta no hipotálamo e em que a resposta é gerada diretamente através de saídas hipotalâmicas. Incluem-se aqui funções como a regulação da temperatura e da osmolaridade. Existem muitas funções em que o hipotálamo monitoriza o ambiente interno e produz uma resposta reguladora. Estas incluem a regulação das funções endócrinas e do apetite. Por exemplo, o núcleo ventromedial do hipotálamo é considerado uma área de saciedade, enquanto a área hipotalâmica lateral é um centro de alimentação. Além disso, existem muitos comportamentos complexos que são modelados pelo hipotálamo, incluindo respostas sexuais. A área pré-ótica é uma das áreas de maior dimorfismo sexual (ou seja, diferença de estrutura entre os sexos) e, juntamente com os núcleos septais, é uma área de projecções da hormona libertadora de gonadotropinas para a região da eminência média do hipotálamo. Estas respostas sexuais envolvem respostas autonómicas, endócrinas e comportamentais. Por fim, o núcleo supraquiasmático recebe uma entrada direta da retina. Este núcleo é responsável pelo alinhamento dos ritmos circadianos com o ciclo dia-noite.

Amígdala

A amígdala é uma estrutura importante localizada no lobo temporal anterior, no interior do úncus. A amígdala estabelece ligações recíprocas com muitas regiões cerebrais, incluindo o tálamo, o hipotálamo, os núcleos septais, o córtex frontal orbital, o giro cingulado, o hipocampo, o giro parahipocampal e o tronco cerebral. O bolbo olfativo é a única área que dá entrada na amígdala e não recebe projecções recíprocas da amígdala.

A amígdala é um centro crítico para a coordenação de respostas comportamentais, autonómicas e endócrinas a estímulos ambientais, especialmente aqueles com conteúdo emocional. É importante para as respostas coordenadas ao stress e integra muitas reacções comportamentais envolvidas na sobrevivência do indivíduo ou da espécie, particularmente ao stress e à ansiedade. As lesões da amígdala reduzem as respostas ao stress, nomeadamente as respostas emocionais condicionadas. A estimulação da amígdala produz excitação comportamental e pode produzir reacções de raiva dirigidas. Vários estímulos produzem respostas mediadas pela amígdala. A convergência de estímulos é importante, pois permite a geração de respostas emocionais aprendidas a uma variedade de situações. A amígdala responde a uma variedade de estímulos emocionais, mas principalmente àqueles relacionados com o medo e a ansiedade. O hipocampo é uma área antiga do córtex cerebral que tem três camadas. Localiza-se no aspeto medial do lobo temporal, formando a parede medial do ventrículo lateral nesta área. O hipocampo tem várias partes. O giro denteado contém células granulares densamente compactadas. Existe uma área curva do córtex chamada Cornu Ammonis (CA) que se divide em quatro regiões chamadas campos CA. Estes são designados por CA1 a CA4. Estes contêm células piramidais proeminentes. Os campos CA misturam-se com o subículo adjacente, que, por sua vez, está ligado ao córtex entorrinal no giro parahipocampal do lobo temporal.

Existem várias fontes de aferências hipocampais. Estas provêm principalmente do septo e do hipotálamo, através do fórnix, e do córtex entorrinal adjacente. Esta região cortical recebe estímulos de áreas difusas do neocórtex, especialmente do córtex límbico, e da amígdala. O córtex entorrinal projecta-se para o giro denteado do hipocampo através da via perfurante, fazendo sinapse nas células granulares. Estas células granulares ligam-se a neurónios piramidais na região CA3, que, por sua vez, se projectam por colaterais de Sheaffer para as células piramidais CA1. São estas últimas células que dão origem principalmente ao fórnix. A fisiologia destas vias foi objeto de um estudo aprofundado, nomeadamente no que diz respeito às alterações fisiológicas a longo prazo associadas à memória. Os neurónios do hipocampo foram amplamente estudados no que diz respeito à potenciação a longo prazo. Esta requer a ativação de receptores de glutamato e resulta em alterações a longo prazo da excitabilidade neuronal através de efeitos fisiológicos mediados pelo cálcio. As saídas do hipocampo passam principalmente por duas vias. A primeira dessas saídas é através do fórnix. Estas fibras projectam-se para os corpos maxilares através do fórnix pós-comissural, para os núcleos septais, para o núcleo pré-ótico do hipotálamo, para o estriado ventral e para partes do lobo frontal através do fórnix pré-comissural. Há um grande número de projecções do hipocampo para o córtex entorrinal. O córtex pré-frontal é anterior ao córtex pré-motor. O córtex frontal orbital é a porção sobre as órbitas. Esta parte do córtex é extremamente bem desenvolvida nos seres humanos e é fundamental para o julgamento, a perceção, a motivação e o humor. É também importante para as reacções emocionais condicionadas. O córtex pré-frontal recebe informação das outras áreas do córtex límbico, da amígdala e dos núcleos septais e tem ligações recíprocas com cada uma destas áreas e com o núcleo dorsomedial do tálamo. A lesão da área pré-frontal produz dificuldades no raciocínio abstrato, no julgamento dos estados de espírito e na resolução de puzzles. O efeito da lesão do lobo frontal no humor depende da parte específica do córtex pré-frontal danificada. O comportamento do doente é frequentemente descrito como inábil. Além disso, esta parte do córtex também pode ser fortemente afetada pelo álcool.

A função do córtex pré-frontal é anormal nas perturbações do humor. A depressão está mais frequentemente associada a um aumento da atividade em partes do lobo frontal, especialmente nas regiões mediais, incluindo a porção subgenual do córtex cingulado anterior, e a uma diminuição da atividade no giro cingulado posterior. O olfato estabelece fortes ligações com as porções anteriores do lobo temporal e com a amígdala. O córtex olfativo é estruturalmente mais simples do que outras partes do córtex cerebral e é designado por alocórtex. Inclui o córtex pré-piriforme e periamigdaloide que compreende a parte anterior do giro parahipocampal que cobre o úncus. Em algumas espécies, é claro, o olfato é mais importante do que em outras. Os filamentos olfactivos atravessam a placa cribiforme e fazem sinapse com as células mitrais nos bolbos olfactivos. Os axónios destas células constituem o trato olfativo que se estende às estruturas temporais anteriores bilateralmente, bem como ao prosencéfalo basal.

Os sinais olfactivos são retransmitidos a várias outras regiões cerebrais após a sua terminação inicial no córtex olfativo. O córtex olfativo afecta o lobo frontal através de ligações com o núcleo dorsomedial do tálamo. As projecções do córtex olfativo para a amígdala podem influenciar as reacções emocionais e endócrinas, nomeadamente através de ligações com o hipotálamo. Existem várias síndromes interessantes que elucidam aspectos das funções límbicas. A síndrome de Kluver-Bucy ocorre com lesões bilaterais dos lobos temporais. Bloqueia as respostas emocionais dos animais, que se tornam bastante dóceis. Não têm medo de coisas às quais a sua espécie deveria reagir, por exemplo, no caso de um macaco, um pedaço de corda. Os animais tornam-se hipersexuais e adoptam um comportamento de exploração compulsivo, especialmente com a boca.

Como descrito anteriormente, existem vias através do prosencéfalo que estão envolvidas no reforço de comportamentos e na "recompensa". A estimulação eléctrica destes locais é altamente reforçadora do comportamento. Muitas destas vias envolvem a dopamina e são normalmente afectadas pelas drogas que causam dependência. A habituação a estas vias com a administração crónica de drogas que causam dependência é um dos alvos mais importantes da investigação sobre a dependência. O estriado ventral é constituído principalmente pelo núcleo accumbens, que é um alvo importante das projecções dopaminérgicas da área tegmental ventral.

Vários compostos que causam dependência afectam a atividade da transmissão da dopamina nos sistemas do núcleo accumbens (mesolímbico) e do córtex frontal (mesocortical). Além disso, estas vias parecem estar funcionalmente desequilibradas em doentes com esquizofrenia. Parece que os doentes com esquizofrenia têm efeitos diminuídos da dopamina através dos sistemas mesocorticais para o córtex pré-frontal. Este facto pode produzir sintomas como o retraimento social e a diminuição da capacidade de resposta emocional. Ao mesmo tempo, há um aumento relativo dos efeitos da dopamina através do sistema mesolímbico para o sistema estriado ventral, resultando em sintomas positivos de delírios e alucinações.

Efeito do envelhecimento no sistema endócrino

O sistema endócrino é constituído por órgãos e tecidos que produzem hormonas. As hormonas são substâncias químicas naturais produzidas num local, libertadas na corrente sanguínea e depois utilizadas por outros órgãos e sistemas alvo. As hormonas controlam os órgãos-alvo. Alguns sistemas de órgãos têm os seus próprios sistemas de controlo interno, juntamente com, ou em vez de, hormonas.

À medida que envelhecemos, ocorrem naturalmente alterações na forma como os sistemas do corpo são controlados. Alguns tecidos-alvo tornam-se menos sensíveis à hormona que os controla. A quantidade de hormonas produzidas também pode mudar.

Os níveis sanguíneos de algumas hormonas aumentam, outros diminuem e outros permanecem inalterados. As hormonas também são decompostas (metabolizadas) mais lentamente. Muitos dos órgãos que produzem hormonas são controlados por outras hormonas. O envelhecimento também altera este processo. Por exemplo, um tecido endócrino pode produzir menos da sua hormona do que produzia numa idade mais jovem, ou pode produzir a mesma quantidade a um ritmo mais lento. O corpo de cada pessoa sofre alterações, algumas naturais e outras não, que podem afetar a forma como o sistema endócrino funciona. Alguns dos factores que afectam os órgãos endócrinos incluem o envelhecimento, certas doenças e afecções, o stress, o ambiente e a genética.

Envelhecimento

Apesar das alterações relacionadas com a idade, o sistema endócrino funciona bem nas pessoas idosas. No entanto, algumas alterações ocorrem devido a danos nas células durante o processo de envelhecimento e a alterações celulares geneticamente programadas. Estas alterações podem alterar o seguinte:

. produção e secreção de hormonas

. metabolismo hormonal (a rapidez com que as hormonas são decompostas e deixam o corpo)

. níveis hormonais que circulam no sangue

. resposta das células ou tecidos-alvo às hormonas

. ritmos do corpo, como o ciclo menstrual

Por exemplo, pensa-se que o aumento da idade está relacionado com o desenvolvimento de diabetes de tipo 2, especialmente em pessoas que possam estar em risco de desenvolver esta doença. O processo de envelhecimento afecta quase todas as glândulas. Com o aumento da idade, a glândula pituitária pode tornar-se mais pequena e pode não funcionar tão bem. Por exemplo, a produção da hormona do crescimento pode diminuir. A diminuição dos níveis de hormona do crescimento em pessoas idosas pode levar a problemas como a diminuição da massa muscular magra, a diminuição da função cardíaca e a osteoporose. O envelhecimento afecta os ovários da mulher e resulta na menopausa, normalmente entre os 50 e os 55 anos de idade. Na menopausa, os ovários deixam de produzir estrogénio e progesterona e deixam de ter uma reserva de óvulos. Quando isto acontece, os períodos menstruais param.

MUDANÇAS NO ENVELHECIMENTO

O hipotálamo está localizado no cérebro. Produz hormonas que controlam as outras estruturas do sistema endócrino. A quantidade destas hormonas reguladoras mantém-se praticamente a mesma, mas a resposta dos órgãos endócrinos pode alterar-se com a idade. Esta glândula atinge o seu tamanho máximo na meia-idade e depois torna-se gradualmente mais pequena. É constituída por duas partes:

A parte de trás (posterior) armazena as hormonas produzidas no hipotálamo.

A parte da frente (anterior) produz hormonas que afectam o crescimento, a glândula tiroide (TSH), o córtex suprarrenal, os ovários, os testículos e os seios. Produz hormonas que ajudam a controlar o metabolismo. Com o envelhecimento, a tiroide pode tornar-se irregular (nodular). O metabolismo abranda com o tempo, começando por volta dos 20 anos de idade. Uma vez que as hormonas da tiroide são produzidas e decompostas (metabolizadas) ao mesmo ritmo, os testes de função da tiroide são, na maioria das vezes, normais. Em algumas pessoas, os níveis de hormonas da tiroide podem aumentar, levando a um risco acrescido de morte por doença cardiovascular.

As glândulas paratiróides são quatro glândulas minúsculas localizadas à volta da tiroide. A hormona paratiroide afecta os níveis de cálcio e fosfato, que afectam a resistência dos ossos. Os níveis da hormona paratiroide aumentam com a idade, o que pode contribuir para a osteoporose.

A insulina é produzida pelo pâncreas. Ajuda o açúcar (glucose) a passar do sangue para o interior das células, onde pode ser utilizado para obter energia.

O nível médio de glicose em jejum aumenta 6 a 14 miligramas por decilitro (mg/dL) a cada 10 anos após os 50 anos, à medida que as células se tornam menos sensíveis aos efeitos da insulina.

As glândulas supra-renais estão localizadas logo acima dos rins. O córtex suprarrenal, a camada superficial, produz as hormonas aldosterona, cortisol e desidroepiandrosterona.

A aldosterona regula o equilíbrio dos fluidos e dos electrólitos.

O cortisol é a hormona de "resposta ao stress". Afecta a degradação da glicose, das proteínas e das gorduras e tem efeitos anti-inflamatórios e anti-alérgicos. A libertação de aldosterona diminui com a idade. Essa diminuição pode contribuir para tonturas e queda da pressão arterial com mudanças bruscas de posição (hipotensão ortostática). A libertação de cortisol também diminui com o envelhecimento, mas o nível sanguíneo desta hormona mantém-se praticamente o mesmo. Os níveis de desidroepiandrosterona também diminuem. Os efeitos desta diminuição no organismo não são claros. Os ovários e os testículos têm duas funções. Produzem as células reprodutoras (óvulos e espermatozóides). Produzem também as hormonas sexuais que controlam as caraterísticas sexuais secundárias, como os seios e os pêlos faciais.

- Com o envelhecimento, os homens têm por vezes um nível mais baixo de testosterona.

. As mulheres têm níveis mais baixos de estradiol e de outras hormonas estrogénicas após a menopausa.

Com o envelhecimento, observam-se alterações complexas em muitos sistemas endócrinos que ocorrem independentemente dos factores associados à maior prevalência de doenças relacionadas com a idade. As deficiências endócrinas em indivíduos idosos incluem uma diminuição dos níveis periféricos de estrogénio e testosterona, com um aumento da LH, FSH e globulina de ligação às hormonas sexuais. Para além disso, há um declínio nas concentrações séricas de GH, IGF-I e DHEA(S). As funções endócrinas essenciais à vida, como as funções supra-renais e da tiroide, apresentam uma alteração global mínima dos níveis basais com o envelhecimento, apesar de ocorrerem alterações complexas no eixo hipotálamo-pituitária-adrenal-tiroideu. O significado clínico destas deficiências com a idade é variável e ainda está a ser avaliado. A menopausa provoca uma série de alterações no metabolismo lipídico, perda óssea, sintomas vasomotores e possíveis alterações na cognição. Do mesmo modo, o declínio da função gonadal nos homens está associado a um aumento da massa gorda, à perda de massa muscular e óssea, à fadiga, à depressão, à anemia, à diminuição da libido, à deficiência erétil, à resistência à insulina e a um maior risco de doença cardiovascular. Do mesmo modo, um declínio no eixo GH-IGF-I resulta numa síntese proteica reduzida, numa diminuição da massa magra e da massa óssea e numa deterioração da função imunitária. As alterações das hormonas supra-renais têm um significado clínico variável. Relativamente a cada sistema endócrino, têm sido realizados muitos estudos para tentar inverter os efeitos do envelhecimento, repondo os níveis hormonais séricos dos indivíduos mais velhos nas "gamas mais jovens". No entanto, atualmente não é claro se o tratamento de muitas destas alterações relacionadas com o envelhecimento é, em última análise, benéfico. Até à data, a investigação ainda não encontrou o "comprimido mágico" para inverter o processo de envelhecimento e a procura de uma "hormona da juventude" continua.

Efeitos das secreções anormais de hormonas

O poder produtivo das hormonas

Certas glândulas exercem uma enorme influência sobre a forma como nos sentimos e como reagimos fisicamente. Demonstram esse poder através do controlo que exercem sobre essa intrigante e ainda não totalmente explorada província do corpo, a sua química. Os endócrinos são os grandes reguladores químicos da função corporal. As substâncias segregadas pelas glândulas endócrinas e que servem de mensageiros químicos chamam-se hormonas, do grego hormone que significa despertar para a atividade. Outra versão da palavra significa princípio vital que, segundo os gregos, estava contido em certas secreções corporais e que, em geral, animava o organismo.

Juntamente com o sistema nervoso, o sistema endócrino é o principal meio de controlo das actividades do organismo. O sistema nervoso foi concebido para a velocidade; permite ao corpo ajustar rapidamente os seus processos internos, à medida que ocorrem alterações no ambiente. O sistema endócrino, por outro lado, regula processos contínuos de maior duração, incluindo o crescimento do corpo, a maturação sexual e a capacidade de reprodução. A hipófise, na base do cérebro; a glândula tiroide, no pescoço; as glândulas supra-renais, empoleiradas no topo dos rins, como picos em miniatura; os ilhéus de Langerhans, produtores de insulina, no pâncreas; os ovários, no abdómen da mulher; os testículos, no escroto do homem. A placenta, que alimenta o feto, também se comporta como um sistema endócrino, fabricando substâncias químicas especiais essenciais para o sucesso da gravidez.

Os endócrinos são pedaços de tecido escondidos em cantos obscuros do corpo. Mas no controlo generalizado que exercem sobre o corpo, são pequenos gigantes.

Todas as hormonas regulam uma ou mais reacções químicas no corpo, mas parecem funcionar de muitas maneiras diferentes. A atividade hormonal deve manter-se num equilíbrio delicado ou todo o corpo ficará desequilibrado. A endocrinologia é o estudo dos sistemas endócrinos. A principal função do sistema endócrino é regular os processos fisiológicos através de grupos de mensageiros químicos chamados hormonas. Estas substâncias são libertadas por um órgão endócrino para o sangue, que as transporta para outro local do corpo onde exercem o seu efeito. O sistema endócrino mais simples é constituído por uma glândula endócrina que segrega uma hormona, a própria hormona e um tecido-alvo que responde à hormona. A maioria dos sistemas endócrinos é consideravelmente mais complexa do que isto. Uma determinada hormona pode ser segregada por mais do que uma glândula endócrina, uma hormona pode afetar muitos tecidos diferentes, várias glândulas endócrinas podem estar funcionalmente ligadas por hormonas dentro de um sistema e o resultado da ação de uma hormona no seu tecido alvo pode influenciar a secreção dessa hormona. A função básica de qualquer sistema endócrino continua a ser a regulação. Os sistemas endócrinos também asseguram a coordenação das funções num sentido temporal. Este tipo de regulação é particularmente evidente na endocrinologia reprodutiva, em que o funcionamento normal exige padrões de alteração extremamente específicos na secreção de várias hormonas.

A organização fisiológica é provocada por centros superiores do cérebro, o hipotálamo, do sistema nervoso e por substâncias químicas nos fluidos circulatórios que são transportados por todo o corpo, provocando alterações locais, desequilíbrio das condições físicas e químicas e afectando as correlações destas alterações de uma forma global.

As funções do corpo são reguladas pelo sistema nervoso e pelas hormonas. Em geral, o sistema nervoso regula as actividades que mudam rapidamente, como os movimentos esqueléticos, a contração dos músculos lisos e muitas secreções glandulares. O sistema hormonal regula as muitas funções metabólicas do corpo e as taxas variáveis das reacções químicas. As hormonas influenciam o transporte de substâncias através das membranas celulares e vários aspectos do metabolismo celular e do crescimento dos tecidos. Em alguns casos, existe uma inter-relação específica entre os estímulos nervosos e a secreção hormonal. Existem também muitas interações entre as hormonas, de modo que uma perturbação numa glândula endócrina pode interferir com as actividades de outras hormonas. As hormonas são específicas na sua ação e respondem a células específicas.

Em geral, as hormonas são segregadas nos fluidos extracelulares e têm efeito em órgãos distantes. Nas hormonas locais, algumas substâncias fisiologicamente activas são libertadas de locais específicos do tecido.

As hormonas são classificadas de acordo com a sua estrutura bioquímica ou com a sua função. Estruturalmente, todas as hormonas estabelecidas são péptidos ou proteínas, esteróides ou derivados de aminoácidos. Para além da sua classificação estrutural, as hormonas são também classificadas funcionalmente ou como hormonas não trópicas. Uma hormona trópica é segregada por uma glândula endócrina e tem como função primária a regulação de outra glândula endócrina. A secreção da hormona trópica está, por sua vez, sob a regulação da hormona da glândula que regula.

A glândula pituitária

A hipófise é uma das glândulas endócrinas. A hipófise está suspensa na parte inferior do cérebro por um pequeno pedúnculo, mesmo acima da passagem nasal. Ver figura abaixo. Devido às suas numerosas hormonas, que desempenham um papel vital nas funções fisiológicas fundamentais, é por vezes designada por glândula mestra. Tem aproximadamente o tamanho de uma bolota. A hipófise é, na realidade, duas glândulas numa só, a posterior e a anterior. Das duas, a hipófise posterior não produz hormonas próprias, mas armazena duas hormonas que são inicialmente segregadas numa parte do cérebro conhecida como hipotálamo. As hormonas são a oxitocina, que se crê estimular o parto no final da gravidez, e a vasopressina, que ajuda o corpo a reter os seus fluidos.

A pituitária anterior controla o crescimento global do corpo. O lobo anterior origina-se embrionariamente do revestimento epitelial da faringe. A porção anterior tem muitas funções e várias das suas hormonas foram isoladas.

A hormona do crescimento, por vezes chamada somatotropina, regula o crescimento dos ossos, músculos e outros tecidos da cabeça aos pés. Nalguns indivíduos, felizmente apenas alguns, ocorre uma subprodução ou sobreprodução de somatotropina durante a infância. Qualquer um dos extremos causa anomalias de crescimento. A produção excessiva pode resultar em gigantismo ou acromegalia; a produção reduzida é responsável por certos tipos de nanismo. O anão hipofisário quase nunca atinge as proporções adultas ou a maturidade sexual, embora o seu Q.I. seja normal.

Nas pessoas comuns, as hormonas da hipófise anterior são muito importantes porque regulam outros sistemas endócrinos.

As hormonas gonadotrópicas ou folículo-estimulantes, FSH, e as hormonas luteinizantes, LH, estão intimamente ligadas à função ovárica e à menstruação. No homem, a hormona folículo-estimulante induz o desenvolvimento de espermatozóides no testículo, enquanto a hormona luteinizante estimula a produção da hormona sexual masculina, a testosterona. A hormona lactogénica prolactina é necessária para o início do fluxo de leite e para a lactação normal após a gravidez.

A hormona adrenocorticotrópica, ACTH, promove a produção de hidrocortisona na presença de stress. (A hidrocortisona aumenta o açúcar no sangue (para o processo de cicatrização) e actua como anti-inflamatório.

A hormona tireotrópica, ou TSH, sinaliza a tiroide para fabricar tiroxina quando o nível fica demasiado baixo. Sem a hormona tireotrópica, a glândula tiroide sofre uma atrofia; em presença de um excesso, a tiroide aumenta o seu tecido glandular e a sua função.

O controlo endócrino funciona nos dois sentidos. Tal como um termóstato, que põe um forno em atividade quando a temperatura ambiente desce, é ele próprio desligado quando a temperatura sobe o suficiente, a produção de cada uma das hormonas estimulantes na pituitária é suprimida pela presença no sangue da hormona que estimulou. Assim, quando o nível de tiroxina desce, a TSH é libertada para estimular as células da tiroide a entrar em atividade; mas logo que a produção é acelerada, a própria presença de hormona tiroideia em quantidade na corrente sanguínea bloqueia a libertação de mais TSH pela hipófise, até que a atividade da tiroide abrande novamente. O resultado deste ciclo é a manutenção de um equilíbrio extraordinariamente estável da hormona tiroideia na corrente sanguínea em todas as circunstâncias. Este sistema de feedback serve para regular os níveis das hormonas supra-renais e das hormonas sexuais da mesma forma que a *glândula suprarrenal*

As duas glândulas supra-renais são pequenas estruturas triangulares situadas na parte superior de cada rim, logo abaixo do diafragma. São compostas por duas porções, denominadas medula suprarrenal, e pela porção exterior, denominada córtex. Cada porção tem uma secreção e uma função distintas. A epinefrina e a norepinefrina são segregadas para a corrente sanguínea pela porção medular. Esta porção medular da glândula é derivada das mesmas células embrionárias que formam o sistema nervoso simpático. O medo, a raiva, a excitação, o esforço físico súbito são alguns dos factores estimulantes, tanto para o sistema nervoso simpático como, por sua vez, para a secreção de epinefrina.

A adrenalina é o nome comercial da epinefrina. Por outro lado, a norepinefrina serve como um auxiliar eficaz da epinefrina, provocando um aumento da frequência cardíaca e contraindo os capilares cutâneos, de modo a que o sangue seja forçado a sair deles e desviado, pela ação da epinefrina, para os principais órgãos do corpo.

Um conjunto de hormonas que podem ser divididas em quatro grupos: Os mineralocorticóides ou aldosterona, que promovem a retenção de sódio e água no organismo, afectando a pressão sanguínea; os glucocorticóides, a hidrocortisona, que actua no aumento dos níveis de glicose no sangue e como agente anti-inflamatório; os esteróides, relacionados com as hormonas sexuais.

Resposta do corpo ao stress

A presença de córtices supra-renais intactos parece ser essencial para permitir que os animais reajam às alterações ambientais e, ultimamente, tem sido sugerido que, no homem, a exposição ao stress ambiental contínuo pode provocar alterações funcionais e morfológicas no córtex suprarrenal, que podem constituir a base das chamadas doenças do stress.

Na doença de Addison, a destruição progressiva do córtex da suprarrenal, geralmente em consequência de tuberculose, dá origem a sintomas resultantes de deficiências das hormonas acima referidas. No síndroma de Waterhouse-Friderichsen, a destruição de parte ou da totalidade de uma ou de ambas as glândulas por hemorragia, que ocorre no decurso de uma meningite causada por meningococos, conduz a um colapso súbito e à morte, a não ser que se disponha de um tratamento muito rápido através da substituição das hormonas em falta. A causa mais comum da doença de Addison é o tumor da hipófise.

A glândula tiroide

Esta importante glândula de secreção interna é constituída por dois lóbulos achatados, situados sob os músculos superficiais da parte anterior inferior do pescoço, de cada lado da traqueia. As duas porções da glândula estão ligadas por uma pequena ponte de tecido tiroideu que pode, por vezes, estar presente ao longo do comprimento da traqueia. Ver figura abaixo. Durante a gravidez e a menstruação, a tiroide pode aumentar temporariamente de tamanho. A remoção completa e a secreção anormal da glândula provocam graves perturbações sistemáticas. A glândula está também sujeita à formação de tumores, que podem ser benignos, ou seja, quistos que apenas provocam um aumento de tamanho, ou malignos (tumor solis).

A função da tiroide é servir de armazém para o iodo e segregar na corrente sanguínea a hormona da tiroide, que tem um efeito estimulante no crescimento e no metabolismo. A tiroide afecta outras glândulas sem ductos e o sistema nervoso simpático. De forma inversa, outras glândulas endócrinas influenciam, por sua vez, a tiroide; isto é particularmente verdade no caso da glândula pituitária, que tem uma multiplicidade de influências no sistema endócrino.

As doenças da tiroide podem ser classificadas como hipofunção, hiperfunção, tumores, bócio, cancro ou doença inflamatória.

A hormona produzida pela tiroide chama-se agora tiroxina e controla a taxa de conversão dos alimentos em calor e energia em todas as células do organismo. Ver figura abaixo. Sem tiroxina suficiente, o indivíduo sente-se constantemente frio, sonolento, incapaz de fazer qualquer coisa sem um esforço considerável. A respiração é lenta, o ritmo cardíaco é lento, o apetite e o funcionamento sexual são inferiores ao normal. Por vezes, verifica-se um aumento de peso, apesar de uma alimentação nitidamente pobre. O oposto do hipotiroidismo é o hipertiroidismo. Um indivíduo com esta condição é suscetível de ser nervoso, agitado e hiperativo, com um coração acelerado e respiração difícil, capaz de se empanturrar mas perder peso, como se todos os fogos do corpo estivessem a arder fora de controlo.

Ilhotas de Langerhans

Entre os alvéolos encontram-se pequenos grupos de células, denominados ilhéus de Langerhans. Estão rodeados por uma rica rede capilar e fornecem a secreção interna do pâncreas: insulina e glucagon.

No pâncreas formam-se duas secreções: o fluido pancreático é uma secreção externa e é derramado no duodeno durante a digestão intestinal e a secreção formada pelos ilhéus de Langerhans são as secreções internas de insulina e glucagon, que são absorvidas pelo sangue, transportadas para os tecidos e ajudam a regular o metabolismo da glucose.

Existem vários tipos de células no grupo das ilhotas. As células beta segregam insulina e as células alfa segregam glucagon. A insulina aumenta a permeabilidade das células à glucose. Ver figura abaixo.

A insulina promove a utilização da glucose nas células dos tecidos, diminuindo assim a concentração de glucose no sangue.

A insulina é essencial para a manutenção de níveis normais de glucose no sangue. A hipoglicemia pode resultar do aumento da secreção de insulina ou da injeção de insulina em excesso. A hiperglicemia e a glicosúria, uma situação em que a urina contém glicose, podem resultar de uma secreção insuficiente de insulina. O aumento acentuado dos níveis de açúcar no sangue, se não for tratado, pode levar ao coma e à morte. Esta condição é conhecida como diabetes mellitus.

O Ovário

Os ovários são as glândulas sexuais da mulher. Nos seres humanos, são em número de dois, com três a quatro centímetros de diâmetro, têm forma de amêndoa e situam-se de cada lado da pélvis, nas dobras do ligamento largo que suporta o útero. Ver figura abaixo. Com o início da puberdade, os ovários sofrem alterações cíclicas: após a menopausa, diminuem de tamanho e de atividade.

A função dos ovários é a produção de óvulos e das hormonas sexuais, progesterona e estrogénios. Os ovários são glândulas de secreção interna, ou glândulas endócrinas. São produzidos dois tipos de hormonas, o grupo dos estrogénios, do qual o estradiol é o mais importante, e a hormona do corpo lúteo ou progesterona. Estas substâncias estão relacionadas com as alterações caraterísticas da menstruação, as que se seguem à fecundação e que são necessárias para o desenvolvimento do óvulo fecundado e as alterações das glândulas marianas que ocorrem durante a gravidez. O ovário produz hormonas que provocam o desenvolvimento dos órgãos genitais femininos e das caraterísticas sexuais secundárias. O ovário é diretamente estimulado ou inibido por hormonas de outras glândulas endócrinas, nomeadamente a hipófise.

O testículo

Os testículos são as duas glândulas masculinas que estão suspensas na virilha pelos cordões espermáticos e são suportadas e fechadas pelo escroto. Cada glândula mede cerca de 1 1/2 polegadas de comprimento, 1 polegada de largura e cerca de 3/4 de espessura de lado a lado. O testículo está ligado ao cordão espermático através do epidídimo, que é um ducto enrolado que se encontra na parte superior do testículo. Quando não enrolado, este ducto mede 6 metros de comprimento. A função dos testículos é produzir espermatozóides e a hormona sexual masculina; ver figura, página seguinte. Se ambos os testículos forem removidos antes da puberdade, as caraterísticas sexuais secundárias não se desenvolvem, devido à ausência de testosterona. A pele permanece lisa, a voz é aguda, a gordura desenvolve-se à volta dos seios e das nádegas e os pêlos púbicos são escassos. As erecções são fracas e não há ejaculação. O indivíduo é tímido, não tem ambição, combatividade e agressividade normais. Este indivíduo é conhecido como eunuco. O eunucoidismo resulta normalmente de uma falha no desenvolvimento dos testículos, que é geralmente secundária a uma perturbação da hipófise.

No início da vida fetal, tanto os ovários como os testículos situam-se à frente e abaixo dos rins. Durante o crescimento fetal, descem. Os ovários acabam por se alojar na parede lateral da cavidade pélvica. Os testículos continuam normalmente a descer e descem através e para fora do abdómen, na região da virilha, até ao escroto. Esta descida pode ser interrompida em qualquer parte deste trajeto, e um ou ambos os testículos podem permanecer na cavidade abdominal, na sua parede ou na virilha. Esta situação é conhecida como criptorquidia. Os homens com testículos não descidos, porque o esperma aquece demasiado, são estéreis, mas são sexualmente normais noutros aspectos. A situação é corrigida através de uma operação em que os testículos não descidos são trazidos para a sua posição escrotal normal. A melhor forma de efetuar esta operação é durante ou pouco depois da puberdade.

Em alguns casos, as injecções glandulares provocam a descida do testículo sem intervenção cirúrgica.

As doenças que afectam os testículos são os tumores, que são raros, e as infecções.

Os testículos são controlados por hormonas segregadas pela pituitária anterior. Duas hormonas hipofisárias estão envolvidas na regulação da função testicular, uma para a componente endócrina e a outra para a componente gametogénica. A hormona luteinizante, LH, actua sobre as células leydig para estimular a secreção de testosterona e a hormona folículo-estimulante ou FSH actua sobre os túbulos seminíferos para promover a espermatogénese.

Doenças endócrinas

Acromegalia

A acromegalia é uma perturbação do crescimento causada pela libertação de demasiada hormona do crescimento (GH) pela glândula pituitária, o que leva a um crescimento excessivo.

Quando a GH é libertada em níveis normais, promove um crescimento saudável. No entanto, uma libertação excessiva de GH é uma doença *endócrina* grave, mas *rara*. A incidência da acromegalia (a frequência com que ocorre) é muito baixa: Cerca de 3 a 4 pessoas em cada 1 milhão de pessoas serão diagnosticadas com acromegalia todos os anos.

Naturalmente, o GH é muito importante nas crianças porque ajuda os seus ossos e músculos a desenvolverem-se (especialmente durante os "surtos de crescimento").

A GH continua a ser libertada, mesmo depois de o crescimento ter terminado. Nos adultos, a hormona do crescimento influencia a quantidade de energia que se tem, a saúde dos ossos, a força e até a sensação geral de bem-estar.

A acromegalia é caracterizada por um crescimento *excessivo* e, normalmente, é detectada pela primeira vez nas mãos e nos pés. De facto, *acro* - significa *extremidade* em grego. E a parte *mega* da palavra significa *grande* (originalmente em grego, mas o inglês usa a palavra da mesma forma). Juntando as palavras de raiz, *acromegalia* significa extremidades grandes.

No entanto, a acromegalia afecta mais do que apenas as extremidades. Se a glândula pituitária estiver a libertar demasiada hormona do crescimento, os órgãos internos podem ser afectados, bem como as articulações.

Nas crianças, a acromegalia é chamada de gigantismo. No entanto, normalmente, a acromegalia é diagnosticada em adultos - especialmente em pessoas de meia-idade. Esta série de artigos centrar-se-á na acromegalia, mas incluímos algumas informações sobre o gigantismo.

Doença de Addison

A doença de Addison é uma doença rara que afecta homens e mulheres de todas as idades. A doença de Addison é também designada por insuficiência suprarrenal primária. A insuficiência suprarrenal desenvolve-se quando as glândulas supra-renais não produzem quantidades suficientes da hormona cortisol. Isto pode dever-se a um problema nas glândulas supra-renais (designado por doença de Addison ou insuficiência suprarrenal primária) ou a um problema com o sinal que o cérebro envia para as supra-renais dando-lhes instruções para produzirem cortisol (designado por insuficiência suprarrenal secundária).

Uma distinção importante para os doentes é que as pessoas com insuficiência suprarrenal primária (doença de Addison) normalmente não produzem a hormona aldosterona em quantidade suficiente, pelo que, para além da reposição de cortisol, também necessitam de reposição de aldosterona. As pessoas com insuficiência suprarrenal secundária têm apenas um baixo nível de cortisol. O cortisol e a aldosterona são apenas duas das mais de 50 hormonas que as glândulas supra-renais produzem. Uma glândula suprarrenal situa-se diretamente sobre cada rim.

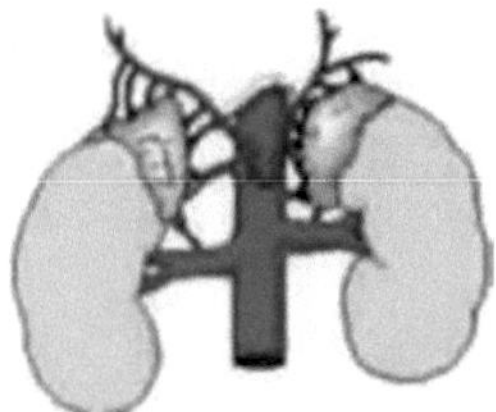

Glândulas supra-renais (áreas amarelas)

Sintomas de insuficiência adrenal

Os sintomas da doença de Addison e da insuficiência suprarrenal secundária podem desenvolver-se e progredir lentamente. Os sintomas comuns incluem:

- fraqueza

- cansaço

- dor abdominal

- náuseas

- perda de peso

- tensão arterial baixa

- escurecimento da pele (no caso da doença de Addison)

- desejo de sal (no caso da doença de Addison)

- tonturas ao levantar-se

- depressão

No entanto, existem diferentes causas da doença de Addison que podem influenciar os sintomas.

O carcinoma adrenocortical é um tumor raro que afecta apenas uma ou duas pessoas por cada milhão de habitantes. Ocorre normalmente em adultos e a idade média de diagnóstico é de 44 anos. Embora potencialmente curável em fases iniciais, apenas 30% destes tumores malignos estão confinados à glândula suprarrenal na altura do diagnóstico. Como estes tumores tendem a ser encontrados anos depois de terem começado a crescer, têm a oportunidade de invadir órgãos próximos, espalhar-se para órgãos distantes (metastizar) e causar inúmeras alterações no organismo devido ao excesso de hormonas que produzem.

Caraterísticas do cancro da cortical suprarrenal

- Tipicamente um cancro agressivo

- A maioria (~60%) é detectada porque a produção excessiva de hormonas provoca sintomas que levam os doentes a procurar assistência médica

- A maioria (60-80%) segrega efetivamente quantidades elevadas de uma ou mais hormonas supra-renais

- Muitas apresentam dores no abdómen e no flanco (quase todas as pessoas que não apresentam sintomas de excesso de hormonas procuram assistência médica devido a dores)

- A disseminação para órgãos distantes (metástases) ocorre mais frequentemente na cavidade abdominal, nos pulmões, no fígado e nos ossos

Avaliação de uma suspeita de cancro da cortical suprarrenal

- A avaliação inicial deve incluir análises ao sangue para medir a quantidade de hormonas supra-renais na circulação. Uma vez que a grande maioria destes cancros produz demasiadas hormonas (cortisol, testosterona, estrogénio, aldosterona, etc.), este é um ponto de partida óbvio. Não esquecer, no entanto, que a maioria dos tumores não cancerosos das glândulas supra-renais (adenomas e hiperplasias benignas) também segregam demasiadas hormonas. Por isso, a demonstração de uma produção excessiva de hormonas supra-renais ajuda a estabelecer a presença de um tumor suprarrenal, mas nem sempre ajuda a distinguir entre tumores benignos e malignos (cancerosos). Níveis extremamente elevados, contudo, são mais frequentemente produzidos por tumores malignos.

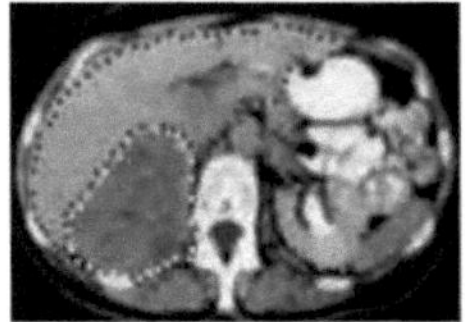

Fig. 56

Os exames de raios X desempenham um papel central no diagnóstico dos cancros da suprarrenal e, sem dúvida, desempenharão um papel central na determinação do tipo de tratamento planeado. A tomografia computorizada (TAC) e/ou a ressonância magnética (RM) são os dois exames centrais neste domínio. Fornecem informações sobrepostas, pelo que nem todas as pessoas necessitam de ambos os exames, mas, ocasionalmente, a situação exigirá a realização de ambos. A tomografia computorizada da direita mostra uma grande massa suprarrenal direita delineada a **amarelo** sob o fígado de tamanho normal (a **vermelho**). Este tumor produzia grandes quantidades de estrogénio e levou a doente (uma mulher de 66 anos) a procurar assistência médica depois de ter começado a ter hemorragias menstruais 20 anos após a menopausa.

Alguns tumores da suprarrenal requerem estudos especiais da sua irrigação sanguínea para ajudar a definir a extensão do tumor, se está a afetar a irrigação sanguínea de outros órgãos próximos e para ajudar o cirurgião a decidir qual a abordagem cirúrgica a utilizar. Estes exames são designados por angiografia selectiva e venografia suprarrenal. Também podem ser úteis para distinguir os tumores da glândula suprarrenal dos tumores do pólo superior do rim.

Síndromes supra-renais causadas por excesso de secreção hormonal

Tal como referido no nosso exemplo acima, **muitos doentes procuram assistência médica com algum tipo de alteração corporal que, normalmente, surge muito lentamente** (normalmente ao longo de 1 a 3 anos). Quando as hormonas femininas são produzidas em excesso numa mulher, pode ser difícil de detetar, exceto em extremos de idade, como a puberdade precoce numa criança ou o regresso da hemorragia vaginal numa mulher pós-menopáusica. O mesmo se passa com o excesso de testosterona num homem. O oposto, no entanto, facilita muitas vezes a apresentação, como quando uma mulher começa a desenvolver caraterísticas masculinas (voz mais grave, excesso de pêlos no corpo) ou quando um homem começa a desenvolver seios aumentados. Alguns destes problemas de sobreprodução hormonal têm nomes específicos e são enumerados a seguir.

- **hipercortisolismo** (síndroma de Cushing) (produção excessiva de cortisol)

- **síndrome adrenogenital** (produção excessiva de esteróides sexuais)

- **virilização** (aquisição de caraterísticas masculinas numa mulher devido ao excesso de produção de testosterona)

. **feminização** (aquisição de caraterísticas femininas num homem devido à produção excessiva de estrogénio)

. **puberdade precoce** (puberdade que ocorre demasiado cedo devido ao excesso de esteróides sexuais produzidos)

. **hiperaldosteronismo** (síndroma de Conn) (excesso de aldosterona que provoca hipertensão e baixo teor de potássio)

Síndrome de Cushing

A glândula suprarrenal tem uma glândula central (medula) que produz adrenalina e uma glândula exterior (o córtex) que produz várias hormonas, como o cortisol e a aldosterona.

Em 1932, um médico chamado Harvey Cushing descreveu 8 pacientes com **obesidade corporal central, intolerância à glicose, hipertensão, crescimento excessivo de pêlos, osteoporose, pedras nos rins, irregularidade menstrual e responsabilidade emocional.** Atualmente, sabe-se que estes sintomas caracterizam a síndrome de Cushing, que resulta de um excesso de produção de cortisol pelas glândulas supra-renais.

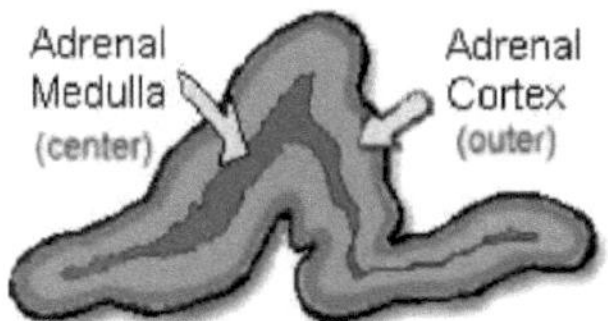

Fig1.5164

O cortisol é uma poderosa hormona esteroide, e o excesso de cortisol tem efeitos prejudiciais em muitas células do corpo. Tenha em atenção que a síndrome de Cushing é rara, ocorrendo apenas em cerca de 10 doentes por milhão. Por outro lado, a obesidade simples pode estar associada a alguns destes sintomas na ausência de um tumor suprarrenal; isto está relacionado com o mecanismo ligeiramente diferente através do qual os esteróides normalmente produzidos são metabolizados por indivíduos obesos.

Uma vez que a produção de cortisol pelas glândulas supra-renais está normalmente sob o controlo da hipófise, a produção excessiva pode ser causada por um tumor na hipófise ou nas próprias glândulas supra-renais. Quando um tumor da hipófise segrega demasiada ACTH (hormona adreno-corticotrópica), faz com que as glândulas supra-renais, que de outra forma seriam normais, produzam demasiado cortisol. Este tipo de síndrome de Cushing é designado por doença de Cushing e é diagnosticado como outras doenças endócrinas (através da medição da produção hormonal).

Quando as glândulas supra-renais desenvolvem um tumor, como qualquer outra glândula endócrina, normalmente produzem quantidades excessivas da hormona normalmente produzida por estas células. Se o tumor da suprarrenal for composto por células produtoras de cortisol, será produzido cortisol em excesso. Nestas condições, a hipófise normal detecta o excesso de cortisol e pára de produzir ACTH, numa tentativa de abrandar a adrenal.

Desta forma, os médicos podem distinguir facilmente se o excesso de cortisol é o resultado de um tumor da hipófise ou de um tumor da suprarrenal. Ainda mais raro é quando o excesso de ACTH é produzido noutro local que não a hipófise. Isto é extremamente raro, mas certos cancros do pulmão podem produzir ACTH. Nesta situação, os doentes desenvolvem a síndrome de Cushing da mesma forma que se a ACTH fosse proveniente da hipófise.

Causas da síndrome de Cushing

Dependente de ACTH (80%)

- Tumores da hipófise (60%)

- Cancros do pulmão (5%)

Independente de ACTH (20%)

- Tumores adrenais benignos (adenoma) (25%)

- Tumores malignos da suprarrenal (carcinoma das células supra-renais) (10%)

Hormonas da tiroide

As duas principais hormonas que a tiroide produz e liberta são a T3 (triiodotironina) e a T4 (tiroxina). Uma tiroide que funciona normalmente produz aproximadamente 80% de T4 e cerca de 20% de T3, embora a T3 seja a mais forte do par.

Em menor escala, a tiroide também produz calcitonina, que ajuda a controlar os níveis de cálcio no sangue.

Doenças e perturbações da tiroide

Existem muitas doenças e perturbações associadas à tiroide. Podem desenvolver-se em qualquer idade e podem resultar de uma variedade de causas - lesões, doenças ou deficiências alimentares, por exemplo. Mas, na maioria dos casos, podem ser atribuídas aos seguintes problemas:

. Demasiada ou insuficiente hormona tiroideia (hipertiroidismo e hipotiroidismo, respetivamente).

. Crescimento anormal da tiroide

. Nódulos ou caroços na tiroide

. Cancro da tiroide

Seguem-se algumas das perturbações mais comuns da tiroide.

Bócio: Um bócio é uma protuberância no pescoço. O bócio tóxico está associado ao hipertiroidismo e o bócio não tóxico, também conhecido como bócio simples ou endémico, é causado por deficiência de iodo.

Hipertiroidismo: O hipertiroidismo é causado por uma quantidade excessiva de hormonas da tiroide. As pessoas com hipertiroidismo são frequentemente sensíveis ao calor, hiperactivas e comem em excesso. O bócio é por vezes um efeito secundário do hipertiroidismo. Isto deve-se a uma tiroide sobre-estimulada e a tecidos inflamados, respetivamente.

Hipotiroidismo ; O hipotiroidismo é uma doença comum caracterizada por uma quantidade insuficiente de hormonas da tiroide. Em bebés, a condição é conhecida como cretinismo. O cretinismo tem efeitos secundários muito graves, incluindo formação óssea anormal e atraso mental. Se tiver hipotiroidismo em adulto, pode sentir sensibilidade ao frio, pouco apetite e uma lentidão geral. O hipotiroidismo passa muitas vezes despercebido, por vezes durante anos, antes de ser diagnosticado.

Nódulos **solitários** da tiroide; Os nódulos solitários, ou caroços, na tiroide são, na verdade, bastante comuns - na verdade, estima-se que mais de metade da população terá um nódulo na tiroide. A grande maioria dos nódulos é benigna. Normalmente, a biopsia aspirativa por agulha fina determina se o nódulo é canceroso.

Cancro da tiroide; O cancro da tiroide é bastante frequente, embora as taxas de sobrevivência a longo prazo sejam excelentes. Ocasionalmente, sintomas como rouquidão, dor no pescoço e aumento dos gânglios linfáticos ocorrem em pessoas com cancro da tiroide. O cancro da tiroide pode afetar qualquer pessoa em qualquer idade, embora as mulheres e as pessoas com mais de trinta anos tenham maior probabilidade de desenvolver a doença.

Tiroidite; A tiroidite é uma inflamação da tiroide que pode estar associada a uma função anormal da tiroide (particularmente hipertiroidismo). A inflamação pode causar a morte das células da tiroide, tornando-a incapaz de produzir hormonas suficientes para manter o metabolismo normal do corpo. Existem cinco tipos de tiroidite, e o tratamento é específico para cada um deles.

Diabetes

A diabetes tipo 1 tem tudo a ver com insulina - a falta da hormona insulina. Se tem diabetes tipo 1, então o seu corpo não produz insulina suficiente para lidar com a glucose no seu corpo. A glicose é um açúcar que o seu corpo utiliza para obter energia instantânea, mas para que o seu corpo a utilize corretamente, tem de ter insulina.

Ter demasiada glucose no corpo pode causar complicações graves. Para as evitar, as pessoas com diabetes tipo 1 têm de tomar insulina para ajudar o seu corpo a utilizar a glicose de forma eficaz. Saiba mais sobre a hormona insulina e como funciona.

A diabetes tipo 1 costumava ser designada por diabetes juvenil porque muitos casos foram detectados quando os doentes eram crianças. Atualmente, as crianças e os jovens são responsáveis por muitos dos diagnósticos de diabetes tipo 1

No entanto, é possível desenvolver diabetes tipo 1 mais tarde na vida. Jay Cutler, quarterback dos Chicago Bears, é apenas um exemplo de alguém que começou a sua jornada com a diabetes tipo 1 já em adulto.

Aqui está outra razão pela qual "diabetes juvenil" já não é exatamente exacta: a diabetes tipo 1 não é o único tipo de diabetes que pode afetar crianças e jovens adultos. A diabetes tipo 2 está a tornar-se mais prevalente em pessoas mais jovens, e os tratamentos e as causas do tipo 1 e do tipo 2 são *muito* diferentes. Pode ser enganador e confuso falar sobre **133 |** 'a g e "diabetes juvenil" quando existem dois tipos distintos que podem afetar crianças e jovens adultos.

Ouvir dizer que o seu filho tem diabetes tipo 1 ou que você tem diabetes pode ser uma coisa avassaladora. De repente, encontra-se num mundo novo, com um novo vocabulário e novos requisitos: hemoglobina A1c, glicemia, bombas de insulina, contagem de hidratos de carbono, cetoacidose diabética, etc.

No entanto, é possível lidar com este novo mundo da diabetes tipo 1. Aprenda tudo o que puder sobre a melhor forma de gerir a vida quotidiana e seja pró-ativo no cuidado da sua saúde (ou da saúde do seu filho).

A diabetes tipo 2 (também designada por diabetes mellitus tipo 2) é mais comum do que a diabetes tipo 1. Cerca de 90 a 95 por cento das pessoas com diabetes têm diabetes de tipo 2. De acordo com o **Relatório Nacional de Estatísticas da Diabetes de 2014** dos Centros de Controlo e Prevenção de Doenças, 29,1 milhões de americanos, ou 9,3% da população dos EUA, têm diabetes. Este número reflecte os 21 milhões que estão atualmente diagnosticados e outros 8,1 milhões que nem sequer sabem que têm diabetes.

Em todo o mundo, 387 milhões de pessoas vivem com diabetes, prevendo-se um aumento de mais 205 milhões até 2035.

Existem várias diferenças importantes entre a diabetes tipo 1 e a diabetes tipo 2.

A diferença mais importante reside na hormona insulina. A insulina é uma hormona produzida pelo pâncreas que permite ao organismo utilizar o açúcar (glicose) dos hidratos de carbono dos alimentos que ingere para obter energia ou armazenar glicose para utilização futura. A insulina ajuda a evitar que o nível de açúcar no sangue fique demasiado alto (hiperglicemia) ou demasiado baixo (hipoglicemia).

As pessoas com diabetes tipo 1 não produzem insulina de todo. As pessoas com diabetes tipo 2 continuam a produzir insulina, mas as células dos músculos, do fígado e do tecido adiposo são ineficientes a absorver a insulina e a regular a glucose. Como resultado, o corpo tenta compensar fazendo com que o pâncreas bombeie mais insulina. Mas, eventualmente, o pâncreas perde lentamente a capacidade de produzir insulina suficiente e, como resultado, as células não obtêm a energia de que necessitam.

A diabetes tipo 2 é uma doença progressiva, o que significa que quanto mais tempo a pessoa a tiver, mais "ajuda" necessitará para controlar os níveis de glucose no sangue. Isto exigirá mais medicamentos e, eventualmente, será necessária insulina injetada.

As pessoas com diabetes tipo 2 produzem insulina, mas o seu organismo não a utiliza corretamente, o que se designa por *resistência à insulina*. As pessoas com diabetes tipo 2 também podem não ser capazes de produzir insulina suficiente para lidar com a glucose no seu corpo. Nestes casos, a insulina é necessária para permitir que a glicose passe da corrente sanguínea para as células, onde é utilizada para criar energia.

Como é que a diabetes tipo 2 mudou ao longo do tempo

O tipo 2 costumava ser designado por diabetes de início na idade adulta ou diabetes não insulino-dependente porque era diagnosticado principalmente em pessoas mais velhas e estas não necessitavam de insulina para controlar a sua diabetes. No entanto, uma vez que cada vez mais crianças começam a ser diagnosticadas com diabetes tipo 2 e a insulina é utilizada com mais frequência para controlar a diabetes tipo 2, referir-se à doença como "de início na idade adulta" ou "não dependente de insulina" já não é correto.

A diabetes tipo 2 está normalmente associada ao excesso de peso (IMC superior a 25), a escolhas alimentares pouco saudáveis e à falta de exercício físico. E embora seja verdade que o excesso de gordura corporal e a inatividade física aumentam a probabilidade de desenvolver o tipo 2, mesmo as pessoas que estão em boa forma física podem desenvolver este tipo de diabetes.

Receber a notícia de que tem diabetes tipo 2 pode ser assustador. É uma doença crónica com a qual terá de lidar para o resto da sua vida, mas não tem de definir a sua vida. Existem muitas fontes de ajuda em cada etapa do processo, desde o diagnóstico inicial até ao facto de viver com a doença durante décadas. Também é importante manter-se atualizado sobre novos tratamentos para a diabetes e novas investigações. Uma vez que a diabetes muda com o tempo, manter-se aberto à aprendizagem ao longo do caminho tornará mais fácil lidar e gerir a doença para si e para a sua família.

Hiperglicemia significa glicose (*glicose*) alta (*hiper*) no sangue (*emia*). O corpo precisa de glicose para funcionar corretamente. As células dependem da glicose para obter energia. A hiperglicemia é uma caraterística que define a diabetes quando o nível de glicose no sangue é demasiado elevado porque o corpo não está a utilizar corretamente ou não produz a hormona insulina.

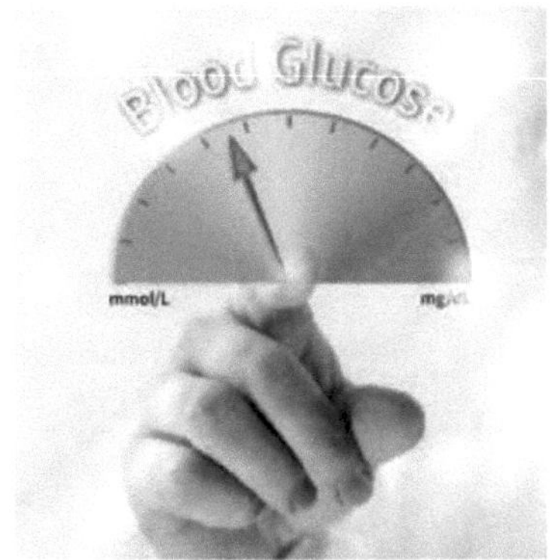

A glicose é obtida a partir dos alimentos ingeridos. Os hidratos de carbono, como a fruta, o leite, as batatas, o pão e o arroz, são a maior fonte de glicose numa dieta típica. O seu corpo decompõe os hidratos de carbono em glicose e depois transporta a glicose para as células através da corrente sanguínea. O corpo precisa de insulina No entanto, para usar a glicose, o corpo precisa de insulina. Esta é uma hormona produzida pelo pâncreas. A insulina ajuda a transportar a glicose para as células, especialmente para as células musculares.

As pessoas com diabetes tipo 1 já não produzem insulina para ajudar o seu corpo a utilizar a glicose, pelo que têm de tomar insulina, que é injectada sob a pele. As pessoas com diabetes tipo 2 podem ter insulina suficiente, mas o seu corpo não a utiliza bem; são resistentes à insulina. Algumas pessoas com diabetes tipo 2 podem não produzir insulina suficiente.

As pessoas com diabetes podem tornar-se hiperglicémicas se não mantiverem o nível de glicemia sob controlo (através da utilização de insulina, medicamentos e planeamento adequado das refeições). Por exemplo, se uma pessoa com diabetes tipo 1 não tomar insulina suficiente antes de comer, a glicose que o seu corpo produz a partir dos alimentos pode acumular-se no sangue e levar a hiperglicemia.

O endocrinologista dir-lhe-á quais são os seus níveis alvo de glicose no sangue. Os seus níveis podem ser diferentes do que é considerado *normal* devido à idade, gravidez e/ou outros factores.

- **A hiperglicemia em jejum** é definida como quando não se come durante pelo menos oito horas. O intervalo recomendado sem diabetes é de 70 a 130mg/dL. *(A norma para medir a glucose no sangue é "mg/dL", que significa miligramas por decilitro).* Se o nível de glucose no sangue for superior a 130 mg/dL, isso é hiperglicemia em jejum. A hiperglicemia em jejum é uma complicação comum da diabetes.

• **A hiperglicemia pós-prandial ou reactiva** ocorre depois de comer (pós-prandial significa "depois de comer"). Durante este tipo de hiperglicemia, o fígado não pára a produção de açúcar, como normalmente faria logo a seguir a uma refeição, e armazena glicose como glicogénio (reservas de açúcar energético). Se o nível de glicose no sangue pós-prandial (1-2 horas depois de comer) for superior a 180 mg/dL, isso é hiperglicemia pós-prandial ou reactiva.

No entanto, não são apenas as pessoas com diabetes que podem desenvolver hiperglicemia. Certos medicamentos e doenças podem causá-la, incluindo beta-bloqueadores, esteróides e bulimia. Este artigo centra-se na hiperglicemia causada pela diabetes. Sintomas precoces de hiperglicemia Os primeiros sintomas de hiperglicemia, ou glicose (açúcar) alta no sangue, podem servir de alerta mesmo antes do exame do nível de glicose. Os sintomas típicos podem incluir:

• Aumento da sede e/ou da fome

• Micção frequente

• Açúcar na urina

• Dor de cabeça

• Visão turva

• Fadiga

Cetoacidose:

Se tem diabetes tipo 1, é importante reconhecer e tratar a hiperglicemia porque, se não for tratada, pode levar à *cetoacidose*. Isto acontece porque, sem glicose, as células do corpo têm de utilizar cetonas (ácidos tóxicos) como fonte de energia. A cetoacidose desenvolve-se quando as cetonas se acumulam no sangue. Pode tornar-se grave e levar ao coma diabético ou mesmo à morte. De acordo com a Associação Americana de Diabetes, a cetoacidose afecta pessoas com diabetes tipo 1, mas raramente afecta pessoas com diabetes tipo 2.

Muitos dos sintomas da cetoacidose são semelhantes aos da hiperglicemia. As caraterísticas da cetoacidose são:

. Nível elevado de cetonas na urina

- Falta de ar

. Hálito com cheiro a fruta

- Boca seca

Além disso, a cetoacidose pode ser acompanhada de dores de estômago, náuseas, vómitos e confusão. Recomenda-se vivamente a prestação de cuidados médicos imediatos se tiver algum destes sintomas.

Algumas pessoas com diabetes são instruídas pelo seu médico a testar regularmente os níveis de cetonas. A dosagem de cetonas é efectuada de duas formas: através da urina ou do sangue. Para uma análise de urina, mergulha-se um tipo especial de tira-teste na urina. Para a análise das cetonas no sangue, é utilizado um medidor especial e tiras-teste. O teste é efectuado exatamente como um teste de glicemia. Se o teste de cetonas fizer parte da sua auto-monitorização da diabetes, o seu profissional de saúde fornecer-lhe-á outras informações, incluindo a prevenção.

Síndrome não-cetótica hiperglicémica hiperosmolar (SNH): Quando a hiperglicemia se torna grave em pessoas com diabetes tipo 2

A síndrome hiperosmolar hiperglicémica não cetótica (HHNS) é muito rara, mas deve estar ciente dela e saber como lidar com ela se ocorrer. A SHNA ocorre quando o seu nível de glicose no sangue sobe demasiado - torna-se extremamente hiperglicémico. A SHNH afecta pessoas com diabetes tipo 2.

É mais provável que a HHNS ocorra quando se está doente, e as pessoas idosas são as mais susceptíveis de a desenvolver. Começa quando o nível de glicose no sangue começa a subir: quando isso acontece, o corpo tenta eliminar todo o excesso de glicose através da micção frequente. Isto desidrata o corpo e a pessoa fica com muita sede.

Infelizmente, quando se está doente, é por vezes mais difícil reidratar o corpo, como se sabe que se deve fazer. Por exemplo, pode ser difícil manter a ingestão de líquidos. Quando não se reidrata o corpo, o nível de glucose no sangue continua a subir, e pode eventualmente subir tanto que pode levar a pessoa ao coma.

Para evitar a síndrome hiperosmolar hiperglicémica não cetótica, deve vigiar atentamente o seu nível de glicose no sangue quando está doente (deve estar sempre atento ao seu nível de glicose no sangue, mas deve prestar especial atenção quando está doente).

Fale com o seu profissional de saúde sobre a possibilidade de ter um plano de dias de doença que o ajudará a evitar a HHNS.

Também deve ser capaz de reconhecer rapidamente os sinais e sintomas da SHN, que incluem

. Nível de glicose no sangue extremamente elevado (superior a 600 mg/dL)

. Boca seca

. Febre alta (superior a 101° F)

. Sonolência

. Perda de visão

Prevenir a hiperglicemia

A forma mais fácil de prevenir a hiperglicemia é controlar a diabetes. Isso inclui conhecer os primeiros sintomas, por mais subtis que sejam. Lembre-se, há muitos aspectos dos cuidados com a diabetes que pode controlar:

. Tomar a sua insulina (ou medicação para baixar a glucose) como prescrito

. Evitar o consumo de demasiadas calorias (por exemplo, bebidas açucaradas)

. Consumir os tipos e gramas corretos de hidratos de carbono

. Controlo do stress

. Manter-se ativo (fazer exercício)

. Ir às consultas médicas regularmente marcadas

A hiperglicemia é uma complicação comum da diabetes, mas através de medicação, exercício e planeamento cuidadoso das refeições, pode evitar que o seu nível de glicose no sangue suba demasiado - e isso pode ajudá-lo a longo prazo.

Manter os níveis de glicose no sangue nos intervalos recomendados ao longo do dia ajudá-lo-á a evitar complicações a longo prazo da diabetes, como por exemplo:

• Lesões oculares

- Ataque cardíaco - ou outras complicações cardiovasculares

- Danos nos rins

- Lesões nervosas

- Acidente vascular cerebral

- Problemas de cicatrização de feridas

Se mantiver os seus níveis de glicose no sangue e evitar a hiperglicemia, pode reduzir o risco de todas estas complicações.

Hipoglicemia significa baixa (*hipo*) glucose (*glicose*) no sangue (*emia*). O corpo precisa de glicose para funcionar corretamente. As células dependem da glicose para obter energia.

A glicose provém dos alimentos ingeridos. Os hidratos de carbono (por exemplo, fruta, pão, batatas, leite e arroz) são a maior fonte de glicose numa dieta típica, e o corpo decompõe os hidratos de carbono em glicose. A glicose é então transportada no sangue para as células que precisam dela; ela dá energia ao corpo.

A hipoglicemia deve desencadear a libertação de epinefrina (adrenalina), uma hormona do stress produzida pelas glândulas supra-renais. A epinefrina provoca os sintomas acima referidos em reação ao baixo nível de açúcar no sangue, alertando-o de que algo está errado.

Se os sintomas de hipoglicemia forem ignorados e não forem tratados, a hipoglicemia pode ocorrer repetidamente até que o corpo não consiga identificar quando ocorre uma glicemia baixa. A isto chama-se desconhecimento da hipoglicemia.

Uma diminuição grave do nível de açúcar no sangue pode levar à perda de consciência, pelo que é importante tratá-la rapidamente.

Por vezes, os sintomas associados à hipoglicemia são os mesmos ou semelhantes aos causados por outras doenças. Esta é uma das razões pelas quais é importante falar com o seu médico ou endocrinologista para um diagnóstico correto.

A hipoglicemia (baixo nível de açúcar no sangue) é uma doença que afecta mais frequentemente pessoas com diabetes, mas também pode afetar pessoas *sem* diabetes. As pessoas que não têm diabetes mas que apresentam sinais e/ou sintomas de hipoglicemia podem precisar de fazer exames para identificar a causa.

Em pessoas com diabetes, tanto diabetes tipo 1 como diabetes tipo 2, um evento hipoglicémico é uma possibilidade diária. Mesmo quando se tomam medidas para manter a glicemia num intervalo aceitável (comer corretamente, tomar medicação e fazer exercício), é possível que a glicemia desça demasiado. Por isso, parte do controlo da diabetes inclui aprender a identificar os sinais e sintomas de hipoglicemia.

Algumas causas possíveis de hipoglicemia, especialmente se tiver diabetes, são

• **Muito poucos hidratos de carbono às refeições:** A ingestão de quantidades de hidratos de carbono inferiores às habituais numa refeição pode fazer com que o nível de glucose no sangue desça demasiado. Trabalhe com um nutricionista para identificar a quantidade certa de hidratos de carbono para si, tendo em consideração os seus medicamentos.

• **Saltar refeições:** Tal como comer poucos hidratos de carbono, saltar refeições impede que o seu corpo obtenha a energia de que necessita a partir da glicose.

• **Atividade física intensa:** Exercitar-se mais do que o habitual, especialmente se não tiver ingerido hidratos de carbono suficientes numa refeição, pode causar um episódio de hipoglicemia.

• **Consumo excessivo de álcool:** Quando bebe, o seu corpo não é capaz de metabolizar a glucose tão bem como deveria. Por isso, é possível que o seu nível de glucose no sangue baixe.

Doença de Graves

A doença de Graves deve o seu nome ao médico que a descreveu pela primeira vez na Irlanda, Robert J. Graves. Ele observou-a num doente em 1835. A doença também é conhecida como doença de Basedow, em homenagem a um alemão, Karl Adolph van Basedow, que descreveu a doença em 1840. Ele não sabia que Graves tinha descrito a mesma doença apenas alguns anos antes. O termo doença de Basedow é mais utilizado na Europa continental; nos Estados Unidos, é designado por doença de Graves.

A doença de Graves é um tipo de problema autoimune que faz com que a glândula tiroide produza demasiada hormona tiroide, o que se designa por hipertiroidismo. A doença de Graves é frequentemente a causa subjacente do hipertiroidismo.

Os problemas auto-imunes da glândula tiroide, dos quais existem muitos tipos diferentes, desenvolvem-se quando o sistema imunitário provoca uma doença ao atacar tecidos saudáveis. Os investigadores não compreendem completamente o que causa a autoimunidade, embora pareça haver uma ligação genética, uma vez que os casos da doença de Graves tendem a ocorrer em famílias. Por razões desconhecidas, tal como acontece com muitas doenças auto-imunes, a doença de Graves também tem maior probabilidade de afetar as mulheres do que os homens.

Na doença de Graves, o seu sistema imunitário cria anticorpos que fazem com que a tiroide cresça e produza mais hormona tiroideia do que o seu corpo necessita. Estes anticorpos são designados imunoglobulinas estimuladoras da tiroide (ETI). As ETI ligam-se aos receptores das células da tiroide, que são normalmente "estações de acoplamento" para a hormona estimulante da tiroide (TSH, a hormona responsável por dizer à tiroide para produzir hormonas). As ETI enganam então a tiroide para que esta cresça e produza demasiada hormona tiroideia, levando ao hipertiroidismo.

Sintomas

Os primeiros sintomas da doença de Graves podem ser confundidos com outras doenças e tornam o diagnóstico um desafio. Alguns dos sintomas mais comuns incluem:

- Perda de peso - apesar do aumento do apetite

. Ansiedade, inquietação, tremores, irritabilidade, dificuldade em dormir (insónia)

- Intolerância ao calor, sudação

- Dor no peito, palpitações

- Falta de ar, dificuldade em respirar

- Aumento da frequência das fezes (com ou sem diarreia)

- Períodos menstruais irregulares

- Fraqueza muscular

. Dificuldade em controlar a diabetes

- Bócio

- Olhos proeminentes e salientes

- Problemas de visão (como visão dupla)

Sinais e sintomas físicos

Se a doença de Graves não for tratada, podem desenvolver-se sinais e sintomas físicos.

- **Bócio:** O bócio é um aumento da glândula tiroide. Um bócio relacionado com a doença de Graves é um *bócio tireotóxico difuso*. À medida que a tiroide aumenta de tamanho, o pescoço do doente pode começar a parecer cheio ou inchado. Por vezes, o bócio dificulta a deglutição, provoca tosse e pode perturbar o sono.

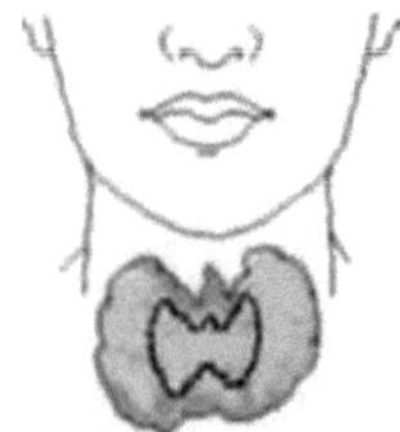

- **Problemas oculares:** Os problemas oculares relacionados com a doença de Graves podem ir de muito ligeiros a muito graves. Os sintomas oculares menos graves, mas ainda assim incómodos, incluem olhos vermelhos, lacrimejamento, sensação de areia ou poeira no(s) olho(s) e sensibilidade à luz. A doença ocular relacionada com a doença de Graves é designada por *oftalmopatia de Graves*.

Nos casos mais graves, um ou ambos os olhos podem sobressair das órbitas (também chamadas *órbitas*). A doença de Graves provoca uma resposta inflamatória nos músculos dos olhos; os músculos e os tecidos incham. Devido ao facto de as órbitas serem as partes ósseas da face que ajudam a manter os olhos no lugar, os músculos e tecidos inchados são empurrados para fora. Isto porque, se ocorrer um inchaço suficiente, o tecido não tem outro sítio para onde ir senão para fora, o que provoca olhos salientes e movimentos oculares limitados. O termo médico para esta situação é *exoftalmia* e pode fazer com que pareça que está a olhar fixamente.

. **Espessamento da pele:** Alguns doentes com doença de Graves podem desenvolver espessamento da pele na parte da frente da perna, chamada tíbia. A doença provoca lesões cutâneas que são irregulares e cor-de-rosa. Raramente são afectadas outras áreas da pele. Este problema de pele é também designado por *mixedema pré-tibial*.

Glândulas paratiroides: Fundamentos

A hormona paratiroide regula os níveis de cálcio do corpo. Existem quatro glândulas paratiróides, cada uma com o tamanho aproximado de um grão de arroz.

Embora estejam localizadas perto uma da outra, as glândulas paratiróides não estão relacionadas com a glândula tiroide.

As glândulas paratiróides são quatro pequenas glândulas que têm como único objetivo segregar a hormona paratiroide para regular o nível de cálcio no nosso corpo. A paratiroide ajuda essencialmente o sistema nervoso e muscular a funcionar corretamente. O cálcio é o principal elemento que provoca a contração dos músculos e os níveis de cálcio são muito importantes para a condução normal das correntes eléctricas ao longo dos nervos.

Anatomia das glândulas paratiroides

As quatro paratiróides encontram-se normalmente na parte de trás da tiroide. Têm o tamanho e a forma de um grão de arroz.

Embora as paratiróides estejam anatomicamente muito próximas da glândula tiroide, não têm qualquer função relacionada. A glândula tiroide regula o metabolismo do corpo, enquanto as glândulas paratiróides regulam os níveis de cálcio e não têm qualquer efeito no metabolismo.

Hormona paratiroideia

A hormona paratiroideia (PTH) tem uma influência muito poderosa nas células dos ossos, fazendo com que libertem cálcio para a corrente sanguínea. A PTH regula a quantidade de cálcio absorvida pela alimentação, a quantidade de cálcio excretada pelos rins e a quantidade de cálcio armazenada nos ossos.

- Armazenamos muitos quilos de cálcio nos nossos ossos, e este está prontamente disponível para o resto do corpo a pedido das glândulas paratiróides.

A PTH aumenta a formação de vitamina D ativa, e é a vitamina D ativa

D que aumenta a absorção intestinal do cálcio e do fósforo.

Doenças e distúrbios da paratireoide

Quando a paratiroide liberta PTH em excesso ou em falta, afecta negativamente o organismo de várias formas. Seguem-se doenças e perturbações comuns associadas às glândulas paratiróides:

Hiperparatiroidismo: A doença mais comum das glândulas paratiróides é o hiperparatiroidismo, que se caracteriza por um excesso de hormona PTH, independentemente dos níveis de cálcio. Por outras palavras, as glândulas paratiróides continuam a produzir grandes quantidades de PTH mesmo quando o nível de cálcio é normal, sendo que não deveriam estar a produzir esta hormona.

Hipoparatiroidismo: O hipoparatiroidismo é a combinação de sintomas devidos a uma produção inadequada da hormona paratiroideia. Trata-se de uma doença rara e ocorre mais frequentemente devido a danos ou à remoção das glândulas paratiróides durante uma cirurgia às paratiróides ou à tiroide.

Osteoporose: Quando uma das glândulas paratiróides está hiperactiva, liberta demasiada hormona PTH. Isto faz com que os ossos libertem constantemente cálcio para a corrente sanguínea. Sem cálcio suficiente nos ossos, estes perdem a sua densidade e dureza. A osteoporose é caracterizada por esta perda de cálcio e de densidade óssea. As glândulas paratiróides têm uma única responsabilidade na regulação dos níveis de cálcio. As glândulas são membros importantes do sistema endócrino, mas também fazem parte integrante do funcionamento correto dos sistemas nervoso e muscular.

Testes

A testosterona é a hormona sexual masculina mais importante. É produzida nos testículos e é o que faz com que os rapazes passem pela puberdade.

Nos homens, a testosterona é responsável pela manutenção:

- desejo sexual
- produção de esperma
- pêlos faciais, púbicos e corporais
- muscular

* ossos

A quantidade de testosterona no corpo de um homem muda ao longo do dia, e geralmente é mais alta pela manhã. Um intervalo normal de testosterona é de 300 ng/dL a 1.000 ng/dL.

Sintomas de baixa testosterona Se você tem baixos níveis de testosterona, pode começar a notar os seguintes sinais e sintomas:

* diminuição do desejo sexual (libido)

* fraca (ou nenhuma) ereção (disfunção erétil ou impotência)

* seios aumentados

* baixa contagem de espermatozóides

Nalguns homens, os níveis baixos de testosterona podem ser graves e podem apresentar sintomas mais graves, especialmente quanto mais tempo os seus níveis de testosterona permanecerem baixos.

Uma baixa severa de testosterona pode levar a sinais e sintomas, incluindo

* perda de pêlos no corpo

* perda de volume e força muscular

* ossos mais fracos (osteoporose)

* alterações de humor (incluindo aumento da irritabilidade)

* depressão

* afrontamentos

Existem várias causas para os níveis baixos de testosterona, e o seu médico irá trabalhar consigo para descobrir o que está a causar os seus níveis baixos.

O baixo nível de testosterona divide-se em 2 tipos principais: **hipogonadismo primário e hipogonadismo secundário**.

O hipogonadismo primário é também conhecido como insuficiência testicular primária e é causado por um problema nos testículos. Estes problemas podem incluir:

- Lesão do testículo: Pode ser causada por traumatismo, cancro testicular, radiação ou quimioterapia para tratar o cancro testicular. Este traumatismo pode afetar a produção de testosterona.

. Síndrome de Klinefelter: Os homens devem ter um cromossoma X e um cromossoma Y, que são os cromossomas sexuais que determinam o sexo. Na síndrome de Klinefelter, existem 2 ou mais cromossomas X para além do cromossoma Y, o que pode levar a um desenvolvimento anormal dos testículos (o que pode afetar a produção de testosterona).

. testículos não descidos: Por vezes, os testículos não descem antes do nascimento; é suposto descerem do abdómen (onde se desenvolvem) para o escroto. Se os testículos não descerem na primeira infância, isso pode afetar a produção de testosterona.

O hipogonadismo secundário é causado por um problema com as glândulas pituitária ou hipotálamo. Estas glândulas dão um sinal aos testículos para produzirem testosterona, por isso, se algo as afetar, a produção de testosterona pode ser afetada. As condições que podem causar hipogonadismo secundário incluem:

. Distúrbios da hipófise: Por exemplo, um tumor da hipófise pode afetar a libertação de hormonas que dizem aos testículos para produzirem testosterona. Por conseguinte, a produção de testosterona pode ser deficiente.

. Medicamentos: Alguns medicamentos, incluindo os opiáceos utilizados para dores fortes, podem afetar a produção de testosterona.

. Diabetes tipo 2: Ter diabetes tipo 2 pode aumentar o risco de desenvolver hipogonadismo masculino.

. Envelhecimento: Os homens mais velhos têm níveis de testosterona mais baixos porque a produção de testosterona diminui com o tempo.

Estes são apenas alguns exemplos do que pode causar o hipogonadismo masculino.

Através do processo de diagnóstico, sobre o qual aprenderá no próximo artigo, o seu médico deve conseguir descobrir porque é que tem níveis baixos de testosterona.

A menopausa é uma parte normal do envelhecimento. Refere-se ao momento em que a função reprodutiva dos ovários termina, quando os ovários da mulher deixam de produzir óvulos e de produzir as hormonas estrogénio e progesterona. A menopausa é diagnosticada retrospetivamente 1 ano após a última menstruação.

A menopausa tende a ocorrer entre o final dos 40 e o início dos 50 anos, mas varia consoante o país, com uma idade média de 51 anos nos Estados Unidos. Ocasionalmente, as mulheres podem ter falência ovárica prematura ou menopausa precoce. Além disso, a menopausa pode ocorrer abruptamente numa mulher a quem foram retirados os ovários ou que foi submetida a quimioterapia ou radiação.

A perimenopausa refere-se ao período de tempo que antecede a menopausa (pré-menopausa) e ao período que se lhe segue (pós-menopausa). Durante os anos que antecedem a menopausa, os níveis hormonais flutuam e os níveis médios de estrogénio podem até ser mais elevados. Após a menopausa, os níveis hormonais diminuem gradualmente. É possível engravidar durante a pré-menopausa, mesmo com períodos irregulares, o que torna a contraceção importante para as mulheres que não desejam engravidar.

Durante os anos que antecedem a menopausa, os períodos são muitas vezes irregulares e ocorrem frequentemente sintomas vasomotores, como afrontamentos e suores noturnos. Os sintomas vasomotores referem-se a uma dificuldade em regular a temperatura corporal. Estes sintomas vasomotores podem persistir durante anos, mas normalmente desaparecem com o tempo.

Durante o período pós-menopáusico, os níveis de estrogénio diminuem gradualmente, o que pode causar sintomas de secura vaginal e aumentar o risco de problemas cardiovasculares e ósseos (discutidos abaixo). Os distúrbios do sono também são comuns durante todo o período da perimenopausa.

Foram relatados vários outros sintomas associados à perimenopausa, mas não se sabe ao certo se estão diretamente relacionados com a menopausa ou se são resultado do envelhecimento. Estes outros sintomas incluem fadiga, depressão, irritabilidade, ansiedade, dificuldades de memória, aumento de peso e incontinência urinária (dificuldade em conter a bexiga).

Os sinais e sintomas da perimenopausa variam não só durante o período da perimenopausa de uma mulher, mas também de pessoa para pessoa.

As alterações hormonais que ocorrem após a menopausa aumentam o risco de enfraquecimento dos ossos (osteopenia e osteoporose) e de fracturas, bem como de doenças cardíacas. Assim, é importante consultar o seu médico durante este período para monitorizar estas condições e obter tratamento, se necessário.

Muitas mulheres têm dificuldade em lidar com os sintomas da perimenopausa e podem beneficiar de alterações no estilo de vida e/ou de medicamentos para gerir os sintomas e outros riscos para a saúde que ocorrem com a menopausa. É importante falar com o seu médico sobre estas questões.

Mudanças no estilo de vida

- **Deixar de fumar.** O tabagismo está associado a um risco acrescido de enfraquecimento dos ossos e de problemas cardíacos, que ocorrem mais frequentemente nas mulheres após a menopausa.

- **Exercício físico.** O exercício é importante para a saúde do coração e dos ossos. Os exercícios que suportam o peso (caminhada, jogging, máquina elíptica, ténis) e os exercícios de fortalecimento muscular (levantamento de pesos, utilização de bandas elásticas de exercício e ioga) podem ajudar a prevenir a perda óssea. Consulte o seu médico antes de iniciar qualquer programa de exercício para determinar o que é mais adequado para si.

- **Higiene do sono.** Praticar exercício físico regularmente, evitar ou limitar a cafeína (especialmente depois do meio-dia), não comer grandes refeições antes de se deitar e evitar o álcool podem ajudá-lo a dormir melhor. Além disso, pratique uma boa higiene do sono mantendo o seu quarto escuro, silencioso e fresco e evite ver televisão, utilizar o computador ou outros ecrãs antes de se deitar. Outras dicas incluem não dormir a sesta durante o dia e levantar-se e ir para a cama à mesma hora todos os dias.

- **Lubrificantes.** Os lubrificantes vaginais à base de água podem aliviar a secura e tornar o sexo mais confortável.

- **Suplementos.** As mulheres podem beneficiar da toma de um suplemento que contenha cálcio (1200 mg por dia) e vitamina D (800-1000 unidades por dia) para ajudar a prevenir a perda óssea; embora a perda óssea acelere com a menopausa, é importante assegurar que os ossos têm um bom fornecimento de cálcio ao longo da vida, e não apenas no período da perimenopausa. Também pode obter estas vitaminas através da sua dieta. Fale com o seu médico sobre a(s) melhor(es) fonte(s) destas vitaminas e minerais para si.

- **Roupa.** Vestir-se com camadas de roupas leves feitas de fibras naturais (como o algodão) pode ajudar a controlar os afrontamentos; provavelmente, não será a única a usar uma camisola de alças num dia fresco de outono!

Medicamentos

A terapia de substituição hormonal (TRH), por vezes administrada sob a forma de pílulas anticoncepcionais ou de um adesivo, consiste em estrogénio e progestina em mulheres com útero para proteger contra o risco acrescido de cancro do endométrio com a utilização exclusiva de estrogénio. A TRH ajuda frequentemente a combater os afrontamentos, as dificuldades de sono e a secura vaginal. Também reduz o risco de fratura óssea. No entanto, a TRH acarreta riscos conhecidos, incluindo o aumento do risco de coágulos sanguíneos, acidentes vasculares cerebrais e incontinência urinária, bem como um aumento do risco de cancro da mama com a combinação de estrogénio e progestina; dados recentes sugerem um potencial risco adicional de cancro do pulmão e dos ovários. Os riscos podem estar relacionados com o momento e a duração da terapêutica hormonal, a idade da pessoa, há quanto tempo ocorreu a menopausa e durante quanto tempo a pessoa toma a substituição hormonal. Embora os riscos sejam reais, os benefícios da TRH podem superar esses riscos em alguns pacientes em alguns momentos. É importante discutir os riscos e benefícios conhecidos do tratamento hormonal com o seu médico.

Os cremes vaginais de estrogénio oferecem uma opção para o tratamento hormonal local que pode ajudar a aliviar a secura e o desconforto vaginal, limitando a absorção sistémica (o que significa que entram menos hormonas na corrente sanguínea do que com os comprimidos ou adesivos)

Uma palavra sobre os suplementos: Apesar de os suplementos e os fitoestrogénios terem sido apresentados como sendo uma ajuda para os sintomas da menopausa, não existem provas consistentes que demonstrem benefícios sem riscos. Por exemplo, os dados não são consistentes sobre se os fitoestrogénios, como a soja, protegem contra alguns dos riscos do estrogénio ou se acarretam o mesmo risco. Além disso, o cohosh preto tem sido associado a toxicidade hepática.

Outros medicamentos; Os medicamentos que são utilizados para tratar outras doenças, como a depressão (SSRIs) e a tensão arterial elevada, podem ajudar com os afrontamentos e as alterações de humor nas mulheres na menopausa. Outros medicamentos, como os bifosfonatos, podem ajudar a proteger os ossos em mulheres com enfraquecimento ósseo. Uma vez que todos os medicamentos estão associados a efeitos secundários, fale com o seu médico para saber se estes medicamentos são adequados para si.

Obesidade

A obesidade tornou-se um grave problema de saúde nos Estados Unidos (EUA): cerca de 35% dos americanos sofrem de obesidade. A obesidade não é apenas um problema de "controlo da cintura"; é agora considerada uma doença crónica pela Associação Médica Americana, a Associação Americana de Endocrinologistas Clínicos, o Colégio Americano de Endocrinologia, a Sociedade Endócrina, a Sociedade da Obesidade, a Sociedade Americana de Médicos Bariátricos e os Institutos Nacionais de Saúde (NIH). É, de facto, uma epidemia nacional, de acordo com os Centros de Controlo e Prevenção de Doenças (CDC). E não se trata apenas de um problema de peso: pode ter efeitos graves na saúde física, metabólica e psicológica de uma pessoa.

O excesso de peso e a obesidade são definidos pelo *índice de massa corporal (IMC),* que é calculado dividindo o peso (em quilogramas) pelo quadrado da altura (em metros). Um IMC de 25 a 29,9 kg/m^2 indica que um indivíduo tem excesso de peso; um IMC de 30 kg/m^2 , ou mais, indica que uma pessoa tem obesidade. As pessoas com um IMC superior a 40 kg/m^2 são consideradas como tendo obesidade de grau 3 e, em tempos, dizia-se que tinham "obesidade mórbida". No entanto, o IMC não é uma medida perfeita; não distingue a massa magra da massa gorda, nem tem em conta as diferenças raciais ou étnicas.

Outros factores a ter em conta incluem o perímetro da cintura e do pescoço, a condição física geral e o estilo de vida. E, mais importante ainda, o conceito de que os doentes podem desenvolver "gordura doente", ou doença do tecido adiposo (adiposopatia), tal como introduzido na literatura médica pelo Dr. Harold Bays, faz agora com que o objetivo do tratamento seja fazer com que a função do tecido adiposo volte ao normal.

Nas crianças, a obesidade é avaliada de forma diferente. Uma vez que a composição corporal de uma criança varia à medida que ela envelhece, é medida como um percentil de IMC específico para a idade e o sexo. Em crianças e adolescentes com idades compreendidas entre os 2 e os 19 anos, um IMC igual ou superior ao percentil 85, mas inferior ao percentil 95, indica excesso de peso; uma criança com um IMC igual ou superior ao percentil 95 é considerada obesa.

A obesidade está generalizada, segundo o CDC. Utilizando dados da base de dados do 20112012 National Health and Nutrition Examination Survey (NHANES), o CDC indicou que mais de um terço (34,9% ou 78,6 milhões) dos adultos norte-americanos sofrem de obesidade.

Em 2013, de acordo com o CDC, nenhum estado tinha uma prevalência de obesidade inferior a 20% - e o objetivo nacional é 15%. As taxas mais baixas (20-25%) encontravam-se na

Califórnia, Colorado, Havai, Massachusetts, Montana, Utah, Vermont e Washington, DC. As mais elevadas (35% ou mais) registaram-se no Mississipi e na Virgínia Ocidental. A nível regional, o Sul registou a prevalência mais elevada (30,2%), enquanto o Oeste registou a mais baixa (24,9%).

Um estudo independente das áreas metropolitanas dos Estados Unidos revelou que a área de Provo-Orem, UT, tinha a menor incidência de obesidade (numa escala de 1 a 100, sendo 1 a mais baixa) e a área de Shreveport-Bossier City, LA, a mais alta. A área metropolitana de Nova Iorque está no meio, com uma pontuação de 54.

Os hispânicos e as mulheres negras não hispânicas são os grupos de maior risco de obesidade (30,7% e 41,9%, respetivamente). A obesidade é mais prevalente nos adultos de meia-idade, com idades compreendidas entre os 40 e os 59 anos (39,5%) do que nos adultos com idades compreendidas entre os 20 e os 39 anos (30,3%) ou com 60 anos ou mais (35,4%). As mulheres com rendimentos mais elevados têm menos probabilidades de sofrer de obesidade do que as que têm rendimentos mais baixos. Embora não tenha sido encontrada qualquer correlação entre a obesidade e a educação nos homens, as mulheres com cursos superiores têm menos probabilidades de sofrer de obesidade do que as que têm menos educação.

A obesidade tem tido um impacto nos custos dos cuidados de saúde em todo o país, estimados entre 147 mil milhões e 210 mil milhões de dólares em custos de saúde diretos e indirectos, a partir de 2010.

• Em 2006, calculou-se que os custos médicos dos indivíduos com obesidade eram 1429 dólares mais elevados do que os dos indivíduos com peso normal.

• As despesas médicas ao longo da vida de uma criança de 10 anos com obesidade são espantosas: cerca de 19 000 dólares em comparação com uma criança com peso normal.

• Quando multiplicado pelo número de crianças de 10 anos com obesidade na América, as despesas com cuidados de saúde ao longo da vida são estimadas em 14 mil milhões de dólares.

No local de trabalho, a diminuição da produtividade e o aumento do absentismo devido ao excesso de peso e à obesidade constituem um enorme encargo económico para a nossa sociedade. Estima-se que o absentismo relacionado com a obesidade custe 4,3 mil milhões de dólares por ano e que a diminuição da produtividade no trabalho custe 506 dólares por cada trabalhador com obesidade, todos os anos. Quanto maior for o IMC de um indivíduo, maior será o número de dias de baixa e de pedidos de indemnização médica - e os custos médicos de um trabalhador também aumentam com a obesidade. Além disso, os trabalhadores com obesidade apresentam pedidos de indemnização mais elevados.

Se a incidência da obesidade continuar a aumentar, os custos combinados dos cuidados de saúde associados ao tratamento de doenças relacionadas com a obesidade poderão aumentar entre 48 mil milhões e 66 mil milhões de dólares por ano até 2030; a perda de produtividade poderá totalizar entre 390 mil milhões e 580 mil milhões de dólares por ano.

No entanto, o custo não é apenas financeiro. A obesidade pode levar a uma mortalidade precoce e a uma maior suscetibilidade a outras doenças, e pode ter um impacto incalculável na qualidade de vida, bem como na família.

Osteoporose

Osteoporose significa "osso poroso" e é uma doença caracterizada por ossos "encovados". Isto pode ser confuso porque se virmos um osso saudável ao microscópio, ele terá lacunas semelhantes às de um favo de mel. Mas um osso osteoporótico contém espaços muito maiores do que os ossos saudáveis.

Embora as mulheres pós-menopáusicas estejam mais frequentemente associadas à osteoporose, os homens também a sofrem. De facto, estima-se que 20% dos 10 milhões de americanos com osteoporose sejam homens.

Os seus ossos são estruturas vivas que mudam e crescem. Pode ser difícil de acreditar, mas a sua estrutura esquelética perde osso velho e forma osso novo ao longo da sua vida. Este é um processo chamado remodelação e pode aprender mais sobre ele no nosso artigo sobre a manutenção de ossos fortes.

Na adolescência, cresce mais osso do que se perde. Entre os 18 e os 25 anos, terá atingido a maior quantidade de osso que alguma vez terá. A isto chama-se pico de massa óssea.

Mas à medida que envelhecemos, a nossa capacidade de reconstruir novos ossos abranda gradualmente e a perda óssea aumenta. Para muitas mulheres, a perda óssea torna-se um problema grave devido à queda significativa dos níveis de estrogénio. O estrogénio apoia os osteoblastos, que produzem osso. Quando os níveis de estrogénio baixam, a capacidade do corpo para produzir osso novo também diminui. Este processo pode eventualmente causar uma perda significativa de massa ou densidade óssea, resultando em osteoporose.

Se tem osteoporose, os seus ossos estão fracos e propensos a fracturas. As fracturas ósseas causadas pela osteoporose localizam-se mais frequentemente na anca, na coluna vertebral e no pulso.

Estas fracturas resultam numa variedade de complicações:

* Dor severa e crónica

* Perda de altura

* Postura inclinada

* Mobilidade limitada

* Depressão

Trata-se de uma doença comum, mas a osteoporose pode ser prevenida. Normalmente, não existem sintomas reveladores de osteoporose e, por vezes, o primeiro sintoma pode ser uma fratura, por isso, faça o teste para verificar a sua saúde óssea. Mesmo que não corra um risco elevado, há opções de estilo de vida que pode adotar para manter os seus ossos fortes e saudáveis ao longo dos anos.

Fazer uma dieta saudável rica em cálcio e vitamina D, praticar exercício físico regularmente e deixar de fumar e de beber em excesso.

Estas medidas preventivas não são uma garantia contra a osteoporose, mas aumentam significativamente as suas hipóteses de manter ossos fortes e saudáveis.

Feocromocitomas

Os feocromocitomas são frequentemente referidos como o "tumor dos dez por cento" porque fazem muitas coisas em *cerca de* dez por cento das vezes. Segue-se uma lista bastante exaustiva destas caraterísticas:

10 por cento de todos os feocromocitomas são:

. **Malignos** (90% são benignos)

* **Bilateral** (encontrado em ambas as glândulas supra-renais: 90% surgem em apenas uma das duas glândulas supra-renais)

* **Extra-Adrenal** (encontrado no tecido nervoso fora das glândulas supra-renais ... ver abaixo)

- **Em crianças** (90% são em adultos)

- **Familiar** (10% terão um membro da família com o mesmo tipo de tumor)

. **Recorrente** (10% ou um pouco menos, voltará 5to10 anos mais tarde)

- **Associado a síndromes MEN** (doentes com síndromes raras de tumores endócrinos).

- **Apresentam-se com um AVC** (10% destes tumores são encontrados depois de o doente ter tido um AVC)

Aqui está um olhar sobre os locais extra-adrenais dos feocromocitomas:

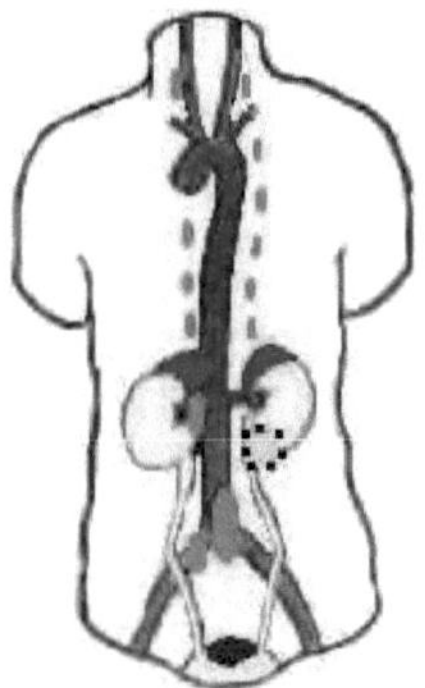

- Na cadeia nervosa simpática ao longo da medula espinal (**pontos cor de laranja**)

- Sobrepondo a aorta distal (a artéria principal do coração) (**pontos verdes**)

- Dentro do ureter (sistema coletor do rim (**ponto amarelo)**

- Dentro da bexiga urinária (**mancha azul)**

- Lembre-se, 90% estão nas glândulas supra-renais (**manchas vermelhas nos rins**)

Síndrome dos ovários poliquísticos

A síndrome dos ovários poliquísticos (SOP) é uma doença comum que causa uma série de sintomas, incluindo períodos irregulares, crescimento indesejado de pêlos, acne e problemas de peso. Os sintomas podem começar quando começa a ter o período, mas por vezes não começam antes dos 20 e poucos anos.

A condição pode aumentar o risco de diabetes e doenças cardíacas no futuro; assim, é importante falar com o seu médico se tiver sintomas de SOP, uma vez que o tratamento precoce pode ajudar a reduzir estes riscos. Felizmente, as alterações no estilo de vida, bem como os medicamentos, podem ajudar a gerir os sintomas do SOP.

O nome Síndrome dos Ovários Policísticos vem dos pequenos quistos (sacos cheios de líquido) que algumas mulheres com esta doença desenvolvem nos seus ovários. Os ovários são os órgãos em forma de amêndoa do sistema reprodutor feminino responsáveis pela produção de hormonas (estrogénio e progesterona) e também pelo armazenamento e libertação de óvulos. No entanto, muitas mulheres com SOP não têm estes quistos.

Os sintomas do SOP variam e podem incluir os seguintes:

• Períodos irregulares: pode ter o seu período menos de uma vez por mês (normalmente menos de 8 por ano) ou não ter qualquer período; pode também ter hemorragias abundantes

• Aumento de peso (no entanto, algumas mulheres com SOP são magras)

• Crescimento excessivo de pêlos no rosto, peito, costas, estômago, braços e parte interna das coxas

• Acne

• Pele oleosa

• Manchas de pele escura e espessa (chamada *acantose nigricans*) no pescoço, braços, seios ou coxas

• Cabelo ralo

• Dificuldade em conceber

A causa exacta da SOP é desconhecida. O que se sabe é que algumas adolescentes e mulheres com esta doença produzem testosterona em excesso. A testosterona é normalmente considerada como uma hormona masculina, mas o corpo das mulheres também a produz. Níveis de testosterona mais elevados do que o normal causam o crescimento indesejado de pêlos e acne que muitas mulheres com SOP apresentam. Também pode levar a períodos irregulares.

Muitas mulheres com SOP também têm resistência à insulina, o que significa que os seus corpos não respondem bem à hormona insulina que controla os níveis de açúcar no sangue. Isto faz com que os níveis de açúcar no sangue (glicose) subam e o corpo produza ainda mais insulina, o que, segundo os investigadores, pode levar a uma maior produção de testosterona, aumento do apetite e desenvolvimento de diabetes tipo 2.

Por vezes, a doença está presente nas famílias, por isso, se a sua mãe ou irmã tiver SOP, é mais provável que também a tenha.

A síndrome de Turner (ST) é uma doença que afecta aproximadamente 1 em cada 2.000 raparigas nos Estados Unidos. É causada pela falta total ou parcial de um dos cromossomas sexuais femininos. Isto resulta numa série de complicações, incluindo atraso no crescimento e desenvolvimento, um risco acrescido de problemas cardíacos e renais e infertilidade.

A síndrome de Turner foi descoberta pela primeira vez em 1938 pelo Dr. Henry Turner enquanto estudava um grupo de 7 raparigas que tinham todas as mesmas caraterísticas físicas e de desenvolvimento invulgares.

Embora atualmente a maioria das pessoas se refira à doença como síndrome de Turner ou ST, o seu médico pode chamar-lhe *disgenesia gonadal*. Isto porque uma das caraterísticas que definem a ST é o facto de afetar os ovários, as principais gónadas ou glândulas sexuais femininas. O desenvolvimento anormal ou a insuficiência prematura dos ovários afecta a sua capacidade de produzir estrogénio. Isto pode resultar numa variedade de problemas, incluindo infertilidade, períodos menstruais irregulares ou ausentes, menopausa precoce e osteoporose.

Embora cada rapariga ou mulher com ST tenha os seus próprios sintomas e sinais associados à doença, existem caraterísticas comuns que todas partilham. Mais comummente, as pessoas com síndrome de Turner têm uma estatura anormalmente baixa - a altura média de uma pessoa com ST que não tenha sido tratada com hormona de crescimento é de 1,80 m. Além disso, a maioria das pessoas tem uma menopausa precoce devido à insuficiência ovárica.

As caraterísticas físicas distintivas também podem estar associadas à síndrome de Turner. Estas incluem:

- orelhas de inserção baixa

. pêlos no pescoço que se estendem até aos ombros

- excesso de pele no pescoço

- olhos caídos

- escoliose

- unhas das mãos e dos pés ligeiramente viradas para cima

- pés chatos

- aumento da angulação do cotovelo

Para saber mais, leia o nosso artigo sobre os sintomas da síndrome de Turner.

Não existe cura para a ST, mas existem formas de a controlar. A hormona de crescimento humano e a terapia de substituição de estrogénio são amplamente utilizadas em doentes com síndrome de Turner e são normalmente iniciadas na infância. Para que estes tratamentos tenham o máximo benefício, é essencial um diagnóstico precoce.

Referências

1. Allison DB, Fontaine KR, Manson JE, et al. Annual deaths attributable to obesity inthe United States. JAMA 1999; 282:15301538.

2. Wolf AM, Colditz GA. Current estimates of the economic cost of obesity in the United States (Estimativas actuais do custo económico da obesidade nos Estados Unidos). Obes Res 1998; 6:97106.

3. Gallagher D, Heymsfield SB, e Heo M, et al. Health percentage body fat ranges: an approach for developing guidelines based on body mass index. Am J Clin Nutr2000; 72:694701.

4. Organização Mundial de Saúde. Obesidade: Preventing and Managing the Global Epidemic. Relatório de uma Consulta da OMS sobre Obesidade. Genebra: Organização Mundial de Saúde, 1998.

5. Institutos Nacionais de Saúde, Instituto Nacional do Coração, Pulmão e Sangue. Diretrizes clínicas sobre a identificação, avaliação e tratamento do excesso de peso e obesidade em adultos: o relatório de provas. Obes Res 1998; 6(Suppl 2):51S209S.

6. Departamento de Saúde e Serviços Humanos dos EUA. Nutrição e excesso de peso. In: Healthy People 2010. Washington, DC: Government Printing Office, 2000.

7. Departamento de Agricultura dos EUA e Departamento de Saúde e Serviços Humanos dos EUA. Nutrição e a sua saúde: Dietary Guidelines for Americans, 5th ed (Home and Garden Bulletin No 232). Washington, DC: Government Printing Office, 2000.

8. Troiano RP, Frongillo EA Jr, Sobal J, Levitsky DA. The relationship between body weight and mortality: a quantitative analysis of combined information from existing studies. Int J Obes 1996; 20:6375.

9. Calle EE, Thun MJ, Petrelli JM, et al. Body-mass index and mortality in a prospective cohort ofU.S. adults. NEngl JMed 1999; 341:10971105. 10. Kissebah AH, Videlingum N, Murray R, et al. Relação entre a distribuição da gordura corporal e as complicações metabólicas da obesidade. J ClinEndocrinol Metab 1982; 54:254260. 11. Willett WC, Manson JE, Stampfer MJ, et al. Weight, weight change, and coronary heart disease in women: risk within the 'normal' weight range. JAMA 1995; 273:461465. 12. Rimm EB, Stampfer MJ,

Giovannucci E, et al. Body size and fat distribution as predictors of coronary heart disease among middle-aged and older US men. Am J Epidemiol 1995; 141:11171127. 13. Colditz GA, Willett WC, Rotnitzky A, Manson JE. Weight gain as a risk fator for clinical diabetes mellitus in women. Ann Intern Med 1995; 122:481486. 14. Chan JM, Rimm EB, Colditz GA, et al. Obesidade, distribuição de gordura e aumento de peso como factores de risco para a diabetes clínica nos homens. Diabetes Care 1994; 17:961969. 15. Huang Z, Willett WC, Manson JE, et al. Body weight, weight change, and risk for hypertension in women. Ann Intern Med 1998; 128:8188.

16. Maclure KM, Hayes KC, Colditz GA, et al. Peso, dieta e risco de cálculos biliares sintomáticos em mulheres de meia-idade. N Engl J Med 1989; 321:563569.

17. Wei M, Gibbons L, Mitchell T, et al. The association between cardio respiratory fitness and impaired fasting glucose and type 2 diabetes mellitus in men. AnnInternMed 1999; 130:8996.

18. Lee CD, Blair SN, Jackson AS. Cardio respiratory fitness, body composition, and all-cause and cardiovascular disease mortality in men. Am J Clin Nutr 1999; 69:373380.

19. McKeigue P, Shah B, Marmont MG. Relação entre obesidade central e resistência à insulina com elevada prevalência de diabetes e risco cardiovascular em sul-asiáticos. Lancet 1991; 337:382386.

20. Rosenbaum M, Leibel RL, Hirsch J. Obesity (Obesidade). N Engl J Med 1997; 337:396408.

21. Bouchard C, Perusse L. Genetics of obesity (Genética da obesidade). Annu Rev Nutr 1993; 3:337354.

22. Pratley RE. Gene-environment interactions in the pathogenesis of type 2 diabetes mellitus: lessons learned from the Pima Indians. Proc Nutr Soc 1998; 57:175181.

23. O'Dea K, White N, Sinclair A. An investigation of nutrition-related risk factors in an isolated Aboriginal community in northern Australia: advantages of a traditionally-orientated life style. Med J Aust 1988; 148:177180.

24. O'Dea K. Melhoria acentuada do metabolismo dos hidratos de carbono e dos lípidos em aborígenes australianos diabéticos após a reversão temporária para o estilo de vida tradicional. Diabetes 1983; 33:596603.

25. Whitaker RC, Wright JA, Pepe MS, et al. Predicting obesity in young adulthood from childhood and parental obesity (Previsão da obesidade na idade adulta jovem a partir da obesidade infantil e parental). N Engl J Med 1997; 337:869873.

26. Montague CT, Farooqi IS, Whitehead JP, et al. A deficiência congénita de leptina está associada a obesidade grave de início precoce em humanos. Nature 1997; 387:903908.

27. Strobel A, Issad T, Camoin L, et al. Uma mutação missense da leptina associada a hipogonadismo e obesidade mórbida. Nat Genet 1998; 18:213215.

28. Farooqi IS, Jebb SA, Langmack G, et al. Efeitos da terapia com leptina recombinante numa criança com deficiência congénita de leptina. N Engl J Med 1999; 341:879884.

29. Consadine RV, Sinha MK, Heiman ML, et al. Serum immunoreactive-leptin concentrations in normal-weight and obese humans. N Engl J Med 1996; 334:292295.

30. Clement K, Vaisse C, Lahlou N, et al. Uma mutação no gene do recetor da leptina humana causa obesidade e disfunção hipofisária. Nature 1998; 392:398401.

31. Jackson RS, Creemers JW, Ohagi S, et al. Obesidade e processamento de pró-hormonas deficiente associado à mutação do gene da pró-hormona convertase 1 humana. NatGenet 1997; 16:218220.

32. Krude H, Biebermann H, Luck W, et al. Obesidade grave de início precoce, insuficiência suprarrenal e pigmentação do cabelo vermelho causadas por mutações *POMC* em humanos. NatGenet 1998; 19:155157.

33. Farooqi IS, Yeo GS, Keogh JM, et al. Herança dominante e recessiva da obesidade mórbida associada à deficiência do recetor da melanocortina 4. J Clin Invest 2000; 106:271279.

34. Holder JL Jr, Butte NF, Zinn AR. Obesidade profunda associada a uma translocação equilibrada que interrompe o gene *SIM1*. Hum Mol Genet 2000; 9:101108.

35. Pérusse L, Chagnon YC, Weisnagel J, et al. O mapa genético da obesidade humana: a atualização de 2000. Obes Res 2001; 9:135169.

36. Ravussin E, Burnand B, Schutz Y, Jequier E. Twenty-four-hour energy expenditure and resting metabolic rate in obese, moderately obese, and control subjects. AmJ ClinNutr 1982; 35:566573.

37. Skov AR, Toubro S, Buemann B, Astrup A. Normal levels of energy expenditure in patients with reported 'low metabolism'. Clin Physiol 1997; 17:279285.

38. Lichtman SW, Pisarka K, Berman ER, et al. Discrepância entre a ingestão calórica e o exercício físico auto-reportados e reais em indivíduos obesos. N Engl J Med 1992; 327:18931898.

39. Segal KR, Presta E, Gutin B. Thermic effect of food during graded exercise in normal weight and obese men. Am J ClinNutr 1984; 40:95100

40. de Jonge L, Bray GA. O efeito térmico dos alimentos e a obesidade: uma revisão crítica. Obes Res 1997; 5:622631.

41. Roberts SB, Savage J, Coward WA, et al. Energy expenditure and intake from infants born to lean and overweight mothers. N Engl J Med 1988; 318:461466.

42. Stunkard AJ, Berkowitz RI, Stallings VA, Schoeller DA. Energy intake, not energy output, is a determinant of body size in infants. Am J Clin Nutr 1999; 69:524530.

43. Ravussin E, Stephen Lillioja MB, Knowler WC, et al. Reduced rate of energy expenditure as a risk fator for body-weight gain. N Engl J Med 1988; 318:467472.

44. Seidell JC, Muller DC, Sorkin JD, Andres R. Fasting respiratory exchange ratio and resting metabolic rate as predictors of weight gain: the Baltimore Longitudinal Study on Aging. Int J Obes Relat MetabDisord 1992; 16:667674.

45. Bouchard C, Tremblay A, Despres JP, et al. The response to long-term overfeeding in identical twins. N Engl J Med 1990; 322:14771482.

46. Levine JA, Eberhardt NL, Jensen MD. Role of no exercise activity thermo genesis in resistance to fat gain in humans. Science 1999; 282:212214.

47. Wadden TA, Foster GD, Letizia KA, Mullen JL. Long-term effects of dieting on resting metabolic rate in obese outpatients (Efeitos a longo prazo da dieta na taxa metabólica de repouso em doentes obesos em ambulatório). JAMA 1990; 264:707711.

48. Amatruda JM, Statt MC, Welle SL. Total resting energy expenditure in obese women reduced to ideal body weight. J Clin Invest 1993; 92:12361242.

49. Weinsier RL, Nagy TR, Hunter GR, et al. As alterações adaptativas na taxa metabólica favorecem a recuperação do peso em indivíduos com peso reduzido? Um exame da teoria do

ponto de ajuste. Am J Clin Nutr 2000; 72:10881094.

50. Astrup A, Gotzsche PC, van de Werken K, et al. Meta-análise da taxa metabólica de repouso em indivíduos anteriormente obesos. Am J Clin Nutr 1999; 69:11171122.

51. Leiter LA, Marliss EB. Survival during fasting may depend on fat as well as protein stores. JAMA 1982; 248:23062307.

52. Stewart WK, Fleming LW. Caraterísticas de um jejum terapêutico bem sucedido de 382 dias de duração. Postgrad Med J 1973; 49:203209.

53. Angel A, Bray GA. Synthesis of fatty acids and cholesterol by the liver, adipose tissue and intestinal mucosa from obese and control patients. Eur J Clin Invest 1979; 9:355362.

54. Ramsay TG. Células adiposas. Endocrinol Metab Clin North Am 1996; 25:847870.

55. Simsolo RB, Ong JM, Saffari B, Kern PA. Effect of improved diabetes control on the expression of lipoprotein lipase in human adipose tissue. J Lipid Res 1992; 33; 8995.

56. Heiling VJ, Miles JM, Jensen MD. How valid are isotopic measurements of fatty acid oxidation? Am J Physiol 1991; 261:E572E577.

57. Leweis GF. Regulação dos ácidos gordos na produção de lipoproteínas de muito baixa densidade. Curr Opin Lipidol 1997; 8:146153.

58. Jensen MD. Efeitos da dieta no metabolismo dos ácidos gordos em indivíduos magros e obesos. AmJClinNutr 1998; 67:531S534S.

59. Jensen MD, Haymond MW, Rizza RA, et al. Influência da distribuição da gordura corporal no metabolismo dos ácidos gordos livres na obesidade. J Clin Invest 1989; 83:1216812173.

60. Martin ML, Jensen MD. Effects of body fat distribution on regional lipolysis in obesity (Efeitos da distribuição da gordura corporal na lipólise regional na obesidade). J Clin Invest 1991; 88:609613.

61. Kahn BB, Flier JS. Obesidade e resistência à insulina. J Clin Invest 2000; 106:473481.

62. Wajchenberg BL. Subcutaneous and visceral adipose tissue: their relation to the metabolic syndrome. Endocr Rev 2000; 21:697738.

63. Friedman JM. Obesidade no novo milénio. Nature 2000; 404:632634.

64. Lee Y, Wang MY, Wang ZW, et al. Liporegulação na obesidade induzida por dieta: o papel anti-estatístico da hiperleptinemia. JBiol Chem 2001; 276:56295635.

65. Considine RV, Sinha MK, Heiman ML, et al. Serum immunoreactive leptin concentrations in normal weight and obese humans. N Engl J Med 1996; 334:292295.

66. Kolaczynsky JW, Ohammesian JP, Considine RV, et al. Response of leptin to short-term and prolonged overfeeding in humans. J Clin Endocrinol Metab 1996; 81:41624165.

67. Flier JS. Clinical review 94: what's in a name? Em busca do papel fisiológico da leptina. J ClinEndocrinol Metab 1998; 83:14071413.

68. Steppan CM, Bailey ST, Bhat S, et al. The hormone resistin links obesity to diabetes. Nature 2001; 409:307312.

69. Peraldi P, Spiegelman B. TNF alfa e resistência à insulina: resumo e perspectivas futuras. Mol Cell Biochem 1998; 182:169171.

70. Hirsch J, Knittle JL. Cellularity of obese and non-obese human adipose tissue (Celularidade do tecido adiposo humano obeso e não obeso). FedProc 1970; 29:15161521.

71. Ntambi JM, Kim Y-C. Adipocyte differentiation and gene expression (diferenciação de adipócitos e expressão de genes). J Nutr 2000; 130:3122S3126S.

72. Shimomura I, Hammer RE, Richardson JA, et al. Resistência à insulina e diabetes mellitus em ratinhos transgénicos que expressam SREBP-Ic nuclear no tecido adiposo: modelo para a doença congénita generalizada

lipodistrofia. GenesDev 1998; 12:31823194.

73. Ballor DL, Poehlman ET. O exercício físico aumenta a preservação da massa isenta de gordura durante a perda de peso induzida pela dieta: uma conclusão meta-analítica. Int J Obes RelatMetabDisord 1994; 18:3540.

74. Ross R, Rissanen J, Pedwell H, et al. Influence of diet and exercise on skeletal muscle and visceral adipose tissue in men. J Appl Physiol 1996; 81:24452455.

75. Smith SR, Zachwieja JJ. Visceral adipose tissue: a critical review of intervention strategies (tecido adiposo visceral: uma revisão crítica das estratégias de intervenção). Int J Obes Relat Metab Disord 1999; 23:329335.

76. Knittle JL, Ginsberg-Fellner F. Effect of weight reduction on in vitro adipose tissue lipolysis and cellularity in obese adolescents and adults. Diabetes 1972; 21

132

Printed by Books on Demand GmbH, Norderstedt / Germany